炭素はすごい

なぜ炭素は「元素の王様」といわれるのか

齋藤勝裕

はじめに

　読者の皆さま、ようこそ「炭素の王国」へ、おいでくださいました。喜んでお迎えいたします。皆さまがこれからご覧になろうとしている炭素の王国は、炭素原子を「王様」とする一大王国です。炭素原子は地球上で植物、動物など、**ありとあらゆる生物をつくる主要元素として君臨**しています。炭素原子が存在するのは地球上だけではありません。炭素原子は全宇宙に広く存在しているのです。

　炭素原子は、今から138億年前に起こった大爆発、ビッグバンの後に誕生しました。このとき誕生した水素原子が集まって高温・高圧の恒星となり、その高温・高圧によって起こった水素原子の核融合で誕生したのが炭素原子なのです。つまり、炭素原子の誕生の地は恒星なのです。

　炭素原子の大きさは「1mmの1000万分の1」という小ささで、丸い雲のような形です。雲のように見えるのは6個の**電子**からなる電子雲で、電子雲の中心には小さくて高密度の**原子核**が存在します。炭素原子はこの6個の電子を使って炭素どうし、あるいはほかの原子と結合して、いろいろな分子をつくります。このようにしてできた炭素原子を含む有機分子が、炭素王国の「国民」となって王国をつくりあげているのです。

　王国の活躍と発展には目を見張るものがあります。地球上のあらゆる生命体を形づくるだけでなく、生命を維

持する食料となり、病苦と戦う医薬品となり、日々の生活を豊かにする素材となり、産業を支えるエネルギーも生産します。**人類は、自然界に存在する炭素王国の国民と手を携えて生きてきた**のです。

　20世紀初めに米国の若い化学者ウォーレス・カロザースは、人工高分子化合物（プラスチック）である**ナイロン**をつくり出しました。ナイロンは自然界には存在しない、人類がつくった新素材です。

　そして今や、人類はプラスチックなしには生活できないまでになっています。現代の炭素化合物は、鉄より軽くて鉄より強く、鉄より電導性が高いものまでできています。有機化合物製の電池もあります。最先端の飛行機は炭素繊維でできています。まさしく、鉄を凌駕するほどになっているのです。

　人類の歴史は石器時代、青銅器時代、鉄器時代の3時代に区分され、現代は紀元前10世紀ごろに始まった「鉄器時代の延長」とされます。そうなのでしょうか？　「現代は鉄器時代」といってよいのでしょうか？　現代は炭素によって成り立つ**炭素器時代**に突入したといったほうがふさわしいのではないでしょうか？

　本書は、このような炭素王国のすみずみまでをわかりやすく、楽しくご紹介するものです。本書をお読みになった後にはきっと、炭素王国の奥深さ、変幻自在の柔軟性、それを生かす活動性、その将来性に驚かれることでしょう。

2019（平成31）年1月　齋藤勝裕

CONTENTS

はじめに 2
構造式のキホン 7

第Ⅰ部　栄光の炭素王国 11

第1章　輝かしい炭素王国 11

1-1 地球という「炭素王国」 12
炭素は地球には少ない/炭素は地球の地殻に多い/炭素が最も多いのは地表

1-2 「炭素王国」の「国民」はどう生まれた？ 17
炭素原子が関係すれば有機化合物/有機化合物をつくる原子はだいたい決まっている

1-3 「王国民」をつくる「結合」 19
共有結合/一重結合と二重結合、三重結合/共有結合の結合角度は決まっている

1-4 生命体に不可欠な炭素 23
生命体を「つくる」王国民/生命体を「維持する」王国民/炭素の放射性同位体^{14}Cは生命体と王様の「兄弟」/なぜ炭素を使って年代を測定できる？/遺伝情報を伝える王国民「DNA」「RNA」

1-5 発展拡大する「炭素王国」 29
炭素はエネルギーを支配する/金属に取って代わる炭素

第2章　美しい炭素王国 33

2-1 炭素は美しい王様 34
炭素でできた宝石の王「ダイヤモンド」/最大のダイヤモンド「カリナン原石」/なぜダイヤモンドには価値があるのか？/ダイヤモンドの埋蔵量はまだまだ豊富!?

2-2 人の手でダイヤモンドをつくる 40
失敗に終わったダイヤモンド合成/高温・高圧法（HPHT法）で合成する/高温・高圧法以外の合成方法

2-3 「対称の美」をまとう「フラーレン」 44
フラーレンは真珠より丸い/フラーレンの用途はどんどん広がる/粘り強いカーボンナノチューブ/セロハンテープで研究が進んだグラフェン

2-4 妖しい鏡に映し出される「光学異性体」 48
似て非なる「異性体」/「右手」と「左手」は異なる手/なぜか自然界には「右手」しかない/光学異性体の悲劇

2-5 複雑で美しい構造をもつ 54
「妖しい迷宮」のような有機化合物
サンゴ礁や石鯛（イシダイ）の毒「パリトキシン」/パリトキシンの全合成に成功/ビタミンB$_{12}$

第Ⅱ部　生命体を支配する炭素王国 59

第3章　生命体をつくる炭素王国 59

3-1 太陽と協力する「光合成」 60
「熱」+「光」の太陽エネルギー/「燃焼反応の逆」が光合成

- 3-2 炭水化物は太陽エネルギーの「缶詰」 ………… 63
  単糖類〜ブドウ糖、果糖/二糖類〜砂糖、ショ糖、麦芽糖/多糖類〜デンプン、セルロース/ムコ多糖類〜キチン、ヒアルロン酸、コンドロイチン硫酸
- 3-3 生命体が生命体であるために欠かせない「油脂」 ……… 68
  油脂が生命体に欠かせないワケ/油脂＝グリセリン＋脂肪酸/脂肪酸は構造の違いで2種類に分けられる
- 3-4 タンパク質は「生命体の本質」 …………………………… 73
  狂牛病の原因はタンパク質のたたみ方にあった！/なぜ「焼肉」は「生肉」に戻らないのか？/コラーゲンを食べれば美肌になる？
- 3-5 「微量物質」が生命を奏でる …………………………… 76
  多くても少なくてもダメなビタミン/ホルモンは臓器間の連絡調整を行う/フェロモンは生体間の連絡調整を行う

第4章　人を救ってきた炭素王国の救世主「薬」 79

- 4-1 命を救う自然の恩寵「天然医薬品」 …………………… 80
  ミイラが「万能薬」とされたこともあった/毒と薬は「さじ加減」/チャーチルも救った抗生物質
- 4-2 人類の英知が生んだ「合成医薬品」 …………………… 84
  120年の歴史を誇る解熱鎮痛剤アスピリン/サリチル酸＋酢酸がアスピリン/亡国病「肺結核」の克服/サリチル酸の「系譜」
- 4-3 人類の友「カフェイン」「アルコール」 ……………… 88
  中国から伝わった「お茶」/お酒には必ず入っている「アルコール」
- 4-4 香りや匂いの正体は有機化合物 ………………………… 94
  人の嗅覚は高性能センサー/いまだ謎が多い「香料の化学」/あまたある「調味料の化学」

第5章　人を苦しめてきた炭素王国の死神「毒」 103

- 5-1 命を奪う「毒」の基礎知識 ……………………………… 104
  少量でも人に害を与えるのが毒/検体の半数が死ぬ「半数致死量LD_{50}」
- 5-2 炭素王国の「暗殺者」 …………………………………… 107
  細菌の毒 〜 ボツリヌストキシン、テタヌストキシン……/身近にある「植物の毒」/キノコの毒〜煮ても焼いてもなくならない/魚介類の毒〜猛毒多数/哺乳類にも毒がある 〜 カモノハシ、トガリネズミ……/鳥類にも毒があった！〜モズの一種/爬虫類の毒〜その代表といえば毒ヘビ/炭素を含む無機物の毒
- 5-3 人の心を破壊する炭素王国の「厄介者」 ……………… 120
  正常な脳の働きと異常な脳の働きの違い/清朝中国を崩壊させた「アヘン」/いにしえの暗殺者も虜になった「大麻」/健康と引き替えに疲労を忘れさせる「覚せい剤」/幻覚を引き起こす「LSD」
- 5-4 人が生み出した狂気の物質「化学兵器」 ……………… 127
  化学兵器は人が自らの手でつくり出した/人を殺すために毒性を高められた
- 5-5 自然環境を狂わせる「困りもの」 ……………………… 130
  生物濃縮される「有機塩素化合物」/地球を温暖化させる「二酸化炭素」

CONTENTS

第Ⅲ部 未来を拓く炭素王国 ……………………… 133

第6章 炭素王国の新素材 ……………………… 133

6-1 20世紀の新素材「プラスチック」「ナイロン」……………… 134
簡単で小さな単位分子の集合体「高分子」/なぜプラスチックを加熱すると軟らかくなる?/「鉄より強くクモの糸より細い」ナイロン

6-2 加熱しても「グニャリ」とならない「フェノール樹脂」…… 138
まるで1個の分子のような「フェノール樹脂(ベークライト)」/熱硬化性樹脂は「人形焼の原理」で加工する/なぜシックハウス症候群は新築の家に集中するのか?

6-3 眼鏡ふきからジェット旅客機まで
私たちを支える新繊維・複合材料 ……………………… 141
「合成繊維」は化学的にはプラスチックと同じ/異なる素材を組み合わせた「複合材料」

6-4 特殊能力をもった驚くべきプラスチック ……………… 145
高吸水性高分子〜紙オムツなど/導電性高分子〜白川英樹博士がノーベル賞を受賞/「イオン交換高分子」は海水を真水にできる/微生物に分解される「生分解性高分子」/歯科治療で活躍する「光硬化性高分子」

第7章 エネルギーを支配する炭素王国 ……… 151

7-1 バイオエネルギーの源は生命体 ……………………… 152
木材を燃やしたエネルギーは再生可能/微生物の力を使う「バイオマスエネルギー」

7-2 化石燃料のエネルギー〜石炭、石油、天然ガス ……… 155
石炭〜液化、気化する技術もある/石油〜「なくなる」「なくなる」といわれ続けているが/天然ガス〜不純物が少ない「きれいな燃料」

7-3 注目を集める「新しい」化石燃料 ……………………… 159
燃える氷「メタンハイドレート」/技術の進歩で採掘可能になった「シェールガス」/商用化が始まった「シェールオイル」/オイルサンド、コールベッドメタンの可能性

7-4 とてつもない威力を誇る有機化合物「爆薬」………… 163
爆薬の原理と爆発との関係/トリニトロトルエンと下瀬火薬/ダイナマイト〜ノーベル賞の賞金の原資/パナマ運河の建設に貢献したダイナマイト

7-5 太陽の光エネルギーを使う「有機太陽電池」………… 168
そもそも太陽電池はどんな原理?/半導体がシリコンではなく有機化合物なのが有機太陽電池

第8章 変貌する炭素王国 ……………………… 171

8-1 分子が集まった「超分子」……………………………… 172
「界面活性剤」はどんな分子?/なぜ「洗濯」で汚れが落ちるのか?/「細胞膜」は「分子膜」

8-2 整列する有機分子「液晶分子」………………………… 177
「液晶状態」とはどういう状態か?/液晶モニターの作動原理は?

8-3 自発的に動く分子が「超分子」をつくる ……………… 181
金属イオンを捕まえる「クラウンエーテル」/金属イオンM^+を捕まえる「分子トング」

8-4 炭素王国の「一分子自動車」…………………………… 184
一分子一輪車/一分子二輪車/一分子三輪車/一分子四輪車/自力で動く「一分子自動車」

構造式のキホン①　構造式の見方

　構造式は、化合物を構成する原子がどのような順序で結合しているかなどを表したものです。構造式を理解する上で最低限必要な知識を**表1**にまとめました。

表1　構造式に使われている記号の意味

記号	意味
──	単結合
═	二重結合
≡	三重結合
▲	紙面の手前に飛び出す結合
⋮ ----	紙面の奥に引っ込む結合
‿	太い部分が手前に来る
→	配位結合。特殊な結合で引力の一種

構造式のキホン②　構造式の表記法

　構造式の表記法にはいくつかの種類があります。

▶炭化水素の構造式

　炭素と水素だけからできた化合物を**炭化水素**といいます。炭化水素で、最も簡単なものはメタンCH_4です。メタンは第1章で見るように、4個の水素が互いに109.47度の角度で交わった正四面体の構造です。構造式では、炭素から4本の直線を出し、その先に水素をつけた平面的な構造で表記します。たとえばエタンCH_3-CH_3は、メタンと同様の表記法に従えば、**表2のパターン1**のようになります。

表2 構造式の表記法は3種類ある

	分子式	構造式 パターン1	構造式 パターン2	構造式 パターン3
メタン	CH_4	$H-\underset{\underset{H}{\mid}}{\overset{\overset{H}{\mid}}{C}}-H$	CH_4	
エタン	C_2H_6	$H-\underset{H}{\overset{H}{C}}-\underset{H}{\overset{H}{C}}-H$	CH_3-CH_3	
プロパン	C_3H_8	$H-\underset{H}{\overset{H}{C}}-\underset{H}{\overset{H}{C}}-\underset{H}{\overset{H}{C}}-H$	$CH_3-CH_2-CH_3$	∧
ブタン	C_4H_{10}	$H-\underset{H}{\overset{H}{C}}-\underset{H}{\overset{H}{C}}-\underset{H}{\overset{H}{C}}-\underset{H}{\overset{H}{C}}-H$	$CH_3-CH_2-CH_2-CH_3$ $CH_3-(CH_2)_2-CH_3$	∧∨
ブタン		$H-\underset{\underset{H}{\overset{H}{C}-H}}{\overset{H}{C}}\cdots$ (isobutane)	$CH_3-\underset{CH_3}{CH}-CH_3$	Y
エチレン	C_2H_4	$\underset{H}{\overset{H}{>}}C=C\underset{H}{\overset{H}{<}}$	$H_2C=CH_2$	=
アセチレン	C_2H_2	$H-C\equiv C-H$	$HC\equiv CH$	≡
シクロプロパン	C_3H_6	$H-\underset{\underset{H}{\mid}\;\;\underset{H}{\mid}}{\overset{\overset{H}{\mid}\;\;\overset{H}{\mid}}{C-C}}-H$ (三員環)	$\underset{CH_2-CH_2}{CH_2}$	△
プロピレン	C_3H_6	$\underset{H}{\overset{H}{>}}C=C\underset{CH_3}{\overset{H}{<}}$	$H_2C=CH-CH_3$	⟋
ベンゼン	C_6H_6	(ベンゼン環、Hが6つ付いた六員環)	$\underset{CH-CH}{\overset{CH-CH}{CH\;\;\;\;\;\;\;CH}}$	⌬

▶ **簡略な構造式**

炭化水素の炭素が増え、大きな分子になると、パターン1の書き方では大変ですし、複雑で見にくくなります。そこで、**パターン2のような書き方をします。パターン2では、炭素1個ごとに、その炭素に結合している水素とともにCH_3、CH_2というような単位として表します**。また、CH_2単位がn個連続するときには、まとめて$(CH_2)_n$として表します。これで、スッキリした見やすい構造式になります。

▶ **直線による表記**

しかし、複雑な化合物ではパターン2の表記法でも煩雑で、見にくくなります。そこで用いられるのが**パターン3のような直線による表記法**です。この表記法には、以下のような「簡単な約束」があります。

①直線の両端と屈曲位には炭素が存在する。
②炭素には必要にして十分な個数の水素が結合している。
③二重結合、三重結合は、それぞれ二重線、三重線で表す。

上記の3つの約束を守れば、どのような結合も直線構造式で表すことができます。また、直線構造式からパターン1の構造式を導き出すこともできます。実際に多くの場合、有機化合物の構造式は、直線構造式で表されます。

◇ 構造式のキホン③　置換基の種類

有機化合物の構造は、**基質（胴体：R）部分と置換基（顔）部分**に分けて考えると便利です。有機化合物の種類は膨大です。このような有機化合物を整理するときに便利なのが、置換基の考え

方です。置換基は、いわば分子の「顔」です。人形の胴体についている顔を変えると人形が大きく変わるように、化合物も置換基を変えると、物性や反応性が大きく変わります。置換基にはいくつかの種類がありますが、大きく**アルキル基**と**官能基**に分けられます。

▶アルキル基

アルキル基は、炭素と水素だけからできていて、不飽和結合(二重結合および三重結合のこと)を含みません。代表的なアルキル基は、メチル基「$-CH_3$」とエチル基「$-CH_2CH_3$」です。メチル基は「$-Me$」と書くこともあり、エチル基は「$-Et$」「$-C_2H_5$」と書くこともあります。また、アルキル基を「R」で表すこともあります(後述)。

▶官能基

炭素と水素だけからできていて、不飽和結合を含む置換基、および炭素、水素以外の原子を含む置換基を**官能基**といいます。官能基は、それをもっている分子の性質に大きく影響し、同じ置換基をもつ化合物は、基質の種類にかかわらず、同じような性質をもちます。そのため、ヒドロキシ基「$-OH$」をもっている化合物が、一般に「アルコール類」と呼ばれるように、同じ置換基をもつ化合物は、同じ一般名で呼ばれることが多いのです。なお、ハロゲン元素であるフッ素F、塩素Cl、臭素Br、ヨウ素Iなどを「X」で表すことがあります。

置換基として示したものが胴体(R)になることもあります。アルキル基と、官能基のフェニル基がその代表です。**アルキル基とフェニル基は、置換基と考えることも、本体部分と考えることもあるわけです。**

第1章
輝かしい炭素王国

炭素というと「黒い炭」を思い出すのではないでしょうか？ しかし、私たちが生きているこの地球上に生命の王国を築き、支えてくれているのは炭素なのです。ここでは、炭素の働きを見てみましょう。

地球という「炭素王国」

宇宙には無数の恒星が輝いています。その多くの恒星で炭素原子はつくられ、放出されています。したがって、**炭素王国**は宇宙の多くの場所で誕生しているに違いありません。しかし、生命体が地球以外の場所で見つかったことがないように、王様と多くの国民からなる炭素王国が、地球以外の場所で発見されたという話もいまだありません。

炭素は地球には少ない

下図は、宇宙における原子の存在量を、原子の個数の比で表したものです。

●宇宙の元素存在度

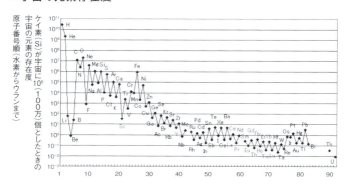

原子番号が偶数の元素は隣り合った奇数の元素よりも多く存在する。これを「オッド-ハーキンスの法則」という
出典：太田充恒（2010年）「産業技術総合研究所　太田充恒のホームページ」(https://staff.aist.go.jp/a.ohta/)、2018年11月8日アクセス

水素HとベリリウムBe原子を除けば、一般に原子番号が偶数の原子が多いことがわかります。これは、このような原子が安定であることに基づくものと解釈されています。

　宇宙空間に多い元素を、上位から15位まで**下表**に並べました。同じような順位を、地球を構成する元素と、地殻を構成する元素についても示しました。

順位	宇宙（原子数比）		地球全体（原子数比）		地殻中（％）	
1	水素	H	酸素	O	酸素	O
2	ヘリウム	He	鉄	Fe	ケイ素	Si
3	酸素	O	マグネシウム	Mg	アルミニウム	Al
4	炭素	C	ケイ素	Si	鉄	Fe
5	ネオン	Ne	硫黄	S	カルシウム	Ca
6	窒素	N	アルミニウム	Al	ナトリウム	Na
7	マグネシウム	Mg	カルシウム	Ca	カリウム	K
8	ケイ素	Si	ニッケル	Ni	マグネシウム	Mg
9	鉄	Fe	クロム	Cr	チタン	Ti
10	硫黄	S	リン	P	水素	H
11	アルゴン	Ar	ナトリウム	Na	リン	P
12	アルミニウム	Al	チタン	Ti	マンガン	Mn
13	カルシウム	Ca	マンガン	Mn	フッ素	F
14	ナトリウム	Na	コバルト	Co	バリウム	Ba
15	ニッケル	Ni	カリウム	K	炭素	C

炭素は宇宙全体では4位だが、地球全体で見るとランキング圏外であり、地殻中でようやく15位に顔を出す。地球上では割と少ない元素なのだ

　これら3つの順位の間に有意な一致点は見いだせないようです。炭素に注目すると、宇宙全体では4位という高順位にありながら、地球全体では15位にも入っていません。これは星の爆発のときに、

密度の小さな軽い炭素は真空中に飛散してしまった結果なのかもしれません。

炭素は地球の地殻に多い

しかし地殻を見ると、ようやく15位に姿を現しています。これは地球の生成を考えれば納得できます。つまり、地球は宇宙の岩石が寄せ集まってできたものであり、生成当初は岩石の衝突エネルギーによって高温になり、ドロドロの溶岩状態でした。このような状態では密度の大きいマンガンMnやニッケルNiなどの元素は下に沈み、ケイ素Si、アルミニウムAlなどのような軽い元素は上に浮かんで地表の地殻になったのです。

炭素が最も多いのは地表

地球上で炭素が多いのは、何といっても**地表**です。野山を覆う緑、そこで暮らす動物、舞い飛ぶ昆虫、すべて炭素王国の住人たちです。生命あふれる美しい王国です。

しかし、地表を覆う緑のベールも、それを剥いでしまえば、現れるのは茶色の土砂や岩石の味気ない無機物です。すなわち、地表に存在する生物がつくる炭素の王国は意外と脆いのです。

▶ なぜ黄土高原は草木も生えないのか？

春先に日本に飛来する黄砂は、主に中国の**黄土高原**から飛来します。しかし、今から数千年前の黄土高原は緑滴る山野だったといいます。ところが、この地に度重なる戦火が起きて森林が焼かれました。さらに秦の始皇帝が、自分の墓に入れるためのおびただしい個数の等身大陶器である**兵馬俑**をつくりました。そのために大量の森林を伐採し、薪として用いたのです。

その結果、黄土高原は保水力を失いました。雨が降れば洪水

となります。洪水の勢いは腐葉土からなる肥沃な表土を流し去り、ついに黄土高原は、今のような草木が生えることのない砂漠になったといいます。

▶「八岐の大蛇伝説」の真相？

同じことは日本の中国地方にも起きました。ここでは豊富な砂鉄を用いた製鉄、製錬が行われました。製錬は酸化鉄から酸素を奪って還元することです。そのための還元剤として用いられたのが木炭です。

つまり、酸化鉄Fe_2O_3と炭素Cを反応させ、酸化鉄の酸素を炭素と反応させて二酸化炭素とすることによって酸化鉄を還元するのです。

$$2Fe_2O_3 + 3C \rightarrow 4Fe + 3CO_2$$

こうして、中国地方の山々の木々は切り倒されて木炭にされました。その結果は黄土高原と同じです。中国地方の山々は保水力を失い、度重なる洪水を起こしました。この悲惨な被害を伝えるのが、8つの谷間にまたがる巨大な大蛇、**八岐の大蛇**伝説です。大蛇の眼は赤く燃えていたといいますが、それは古代の溶鉱炉の炎を表すものです。

この大蛇を退治したのが、武勇と乱暴で鳴らす神、スサノオノミコトです。スサノオノミコトが退治した大蛇の尻尾を切ったところ、そこから刀が現れ、それを「アマノムラクモノ剣」と名付けたことになっています。アマノムラクモは「天の群雲」の意味であり、刀身に雲のような「刃文」があったことを意味するとされます。ということは、この剣はそれまでの青銅剣ではなく、**鉄剣**だったことになります。

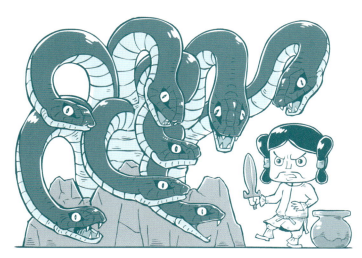

八岐の大蛇伝説は、やみくもな森林の伐採で生じた環境破壊による斐伊(ひい)川の洪水被害がモチーフと考えられている

▶酸性雨を生み出すNOx(ノックス)、SOx(ソックス)

　現代文明は天然ガス、石油、石炭などの化石燃料で成り立っています。すると、化石燃料に含まれる窒素Nや硫黄Sの化合物が燃焼して、窒素酸化物のNOx(ノックス)や硫黄酸化物のSOx(ソックス)が発生します。これらの酸化物は雨に溶けて酸性雨を生じます。

　酸性雨は地表の植生に被害を及ぼし、ついには枯らします。植生を失った地表がたどる運命は黄土高原と同じです。

「炭素王国」の「国民」はどう生まれた？

　炭素の王国は一大王国です。そこは王様の炭素原子を中心に、たくさんの国民、住人から成り立っています。炭素王国の国民は一般に**有機化合物**と呼ばれ、全員が炭素原子を含んだ分子たちです。国民の中には数個の原子でできた小さな者から、何億個もの原子でできた巨大な者までいます。美人やイケメンもいます。また、図体は大きくても、同じ部分構造がつながっただけの簡単な者から、どうやったらこんなに複雑になるのだろうと思うような複雑な者もいます。

　これら王国の国民は、どのようにして誕生したのでしょう？

炭素原子が関係すれば有機化合物

　原子の最大の特徴の1つは、**何個もの原子が結合して、複数種類、複数個の原子からなる構造体**をつくれることです。このような構造体を一般に**分子**あるいは**化合物**といいます。化合物は有機化合物と無機化合物に分けられます。

　昔は、生体がつくり出す化合物を有機化合物といいました。しかし、化学が発展するにつれて、そのような有機化合物の多くは、生体と無関係につくり出せることがわかり、この定義は取り下げられました。現在は生体とは関係なく、炭素原子が主に関与した化合物をすべて有機化合物といい、それ以外の化合物を無機化合物といいます。

有機化合物をつくる原子はだいたい決まっている

　有機化合物の特徴は、それを構成する原子の種類が限られて

いることです。主な原子は**炭素C**と**水素H**です。この2種の原子だけからなる分子を特に**炭化水素**といいます。

ところが、この炭化水素の種類の多いことといったら、驚くばかりです。何億種類か何兆種類か、数えるのは不可能でしょう。なぜそのようなことになるのかは後で見ますが、このように種類が多いことは有機化合物の大きな特徴です。

有機化合物を構成する原子はそのほかに、**酸素O**、**窒素N**、**リンP**などがあります。そのほかの原子も関与することはありますが、よほど特殊な場合だけです。

それに対して無機化合物には、周期表にあるすべての原子が関与します。水素はもちろん、炭素が関与した無機化合物もあります。よく知られた二酸化炭素CO_2や一酸化炭素CO、あるいは猛毒として知られるシアン化カリウム（いわゆる青酸カリ）KCNなどは炭素を含んでいますが、一般に無機化合物として扱われます。

また、後に出てくるダイヤモンドやグラファイト（黒鉛）などのように、炭素だけでできた分子（単体、同素体）も無機化合物として扱われます。しかし、たとえ無機化合物であろうと、**炭素原子を含んでいるからには炭素王国の一員**であることに変わりはありません。

「王国民」をつくる「結合」

1-3

炭素原子が有機化合物をつくるには、ほかの原子と結合しなければなりません。原子の結合の仕方には何種類かあります。無機化合物の場合には、これらの結合方法のすべてが駆使されています。しかし、炭素が用いる結合はほとんどの場合、**共有結合**だけです。すなわち、炭素王国の国民は、ほとんどすべて共有結合でできているのです。

共有結合

共有結合というのは簡単にいえば、原子が握手によって結合することです。そのため原子は、共有結合用の**結合手**と呼ばれる手をもっています。この手は、具体的には**電子**なのですが、手の本数は原子によって決まっています。つまり、

水素＝1本、炭素＝4本、窒素＝3本、酸素＝2本

などです。

したがって、2個の水素原子は1本ずつの手で結合して水素分子H_2をつくります（一重結合または単結合）。2本の手をもつ酸素は2個の水素と結合できます。このようにしてできたのが水分子H_2Oです。

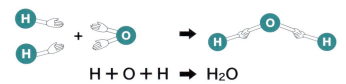

炭素は4個の水素と結合することができます。このようにしてできた分子CH_4はメタンであり、天然ガスの主成分として家庭のキッチンに届けられています。

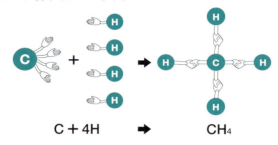

一重結合と二重結合、三重結合

炭素は4本の手のうち、2本ずつを使って2個の酸素原子と結合することもできます。それが二酸化炭素CO_2です(**下図**)。このように、2本の結合手からできた結合を**二重結合**といいます。一酸化炭素COでは炭素の2本の手が、結合相手がないままですが、このような手は、ほかの化合物に無理に結合することがあります。一酸化炭素の有害性はこのような原因によるものです。

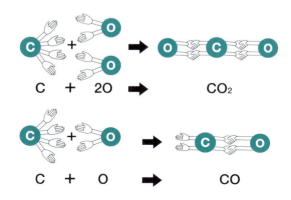

下図はエチレン $H_2C = CH_2$ の結合です。2個の炭素原子が2本ずつの手を使って二重結合で結合します。そして、残った2本ずつの手で合計4個の水素原子と結合しています。エチレンはこのように簡単な分子ですが、植物の熟成ホルモンとして知られています。完熟状態での輸入を禁止されているバナナは青い状態で収穫し、輸送途上でエチレンガスを吸収させて完熟状態にしています。

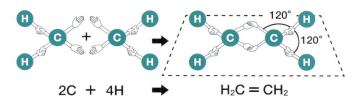

　アセチレン $HC \equiv CH$ は、2個の炭素が3本の手を使って結合しています。このような結合を**三重結合**といいます（下図）。炭素原子はこのように一重結合、二重結合、三重結合という3種の共有結合を使って有機化合物をつくっているのです。

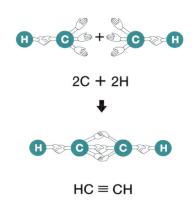

共有結合の結合角度は決まっている

共有結合の大きな特徴は、**結合角度が決まっている**ことです。炭素原子には4本の結合手がありますが、これらの手は座布団の対角線のように、同一平面上にあるのではありません。4本の手は立体的に出ており、その角度は互いに109.47度になっています。これは、4本の手の手先を結ぶと、正四面体になることを意味します。つまり、炭素原子の手はテトラポッド（消波ブロック）のように、原子核を中心として、テトラポッドの頂点方向に向かって出ているのです。

したがって、4個の水素原子がこのような結合手に結合したメタンの形は、座布団のような平面形ではなく、**下図のようにテトラポッドのような正四面体形**なのです。またエチレン C_2H_4 は、6個の原子が同一平面上に乗った平面形分子ということになります。原子の間の角度はほぼ120度になります（21ページ上図参照）。

このことが有機化合物の大きな特徴に結びつくのですが、それについては後の章でくわしく見ることにしましょう。

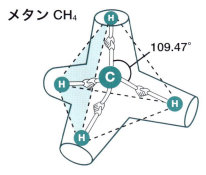

メタンは炭素C原子から出た4本の「手」が、それぞれ109.47°となり、その先で水素H原子と結合し、正四面体をつくる

1.4 生命体に不可欠な炭素

炭素の王国が最も重要な働きをしているのは、**生命に関する領域**でしょう。昔は有機化合物の定義が、「生命体がつくり出す化合物」であったことからもわかるように、生命体と有機化合物は切っても切れない関係にあります。

生命体と有機化合物の関係は、いくつかに分けて考えるとわかりやすいでしょう。

生命体を「つくる」王国民

生命体は骨格を除けば、その多くは有機化合物からできています。無機物であるカルシウムCaからできた骨のように硬いカニの甲羅も、甲虫の羽も、実はすべて炭素化合物です。

生命体をつくる有機化合物の主なものとして、**デンプン**と**タンパク質**を挙げることができるでしょう。

デンプンとタンパク質は、後で見るように**天然高分子**といわれるものであり、小さくて簡単な構造の単位分子が多数個結合した巨大分子で、その構造は鎖にたとえることができます。鎖の輪が単位分子です。

タンパク質は動物の肉体をつくる重要物質であり、焼肉に欠かせないものですが、生体にあってはそのような**構造体としての役割**のほかに、それよりはるかに重要な役割があります。それは**酵素としての役割**です。

酵素は食物を消化、代謝するものとしてよく知られていますが、DNAの遺伝情報に従って生体をつくるという重要な役割も担っています。

🌀 生命体を「維持する」王国民

　生命体は、「それをつくる構造体があれば完成」というわけにはいきません。生命体は生命を維持しなければならず、そのためにはビタミンやホルモンといった微量物質も重要です。

　しかし、もっと根本的に重要なものがあります。それは生命を維持し、生命体を活動させる**エネルギー**です。このエネルギーはどこからきて、私たちはそのエネルギーをどのように利用しているのでしょう？

　地球は太陽から熱エネルギーと光エネルギーを受け取っています。このエネルギーのもとは、太陽で進行する核融合のエネルギーです。このエネルギーを受け取るのが植物です。植物はこの光エネルギーを受け取って、二酸化炭素 CO_2 と水 H_2O を原料として、デンプンなどの**炭水化物 $C_n(H_2O)_m$** と**酸素 O_2** を発生します。

　動物はこの炭水化物を食料とし、酸素によって酸化（代謝）する化学反応によってエネルギーを発生し、それによって生命を維

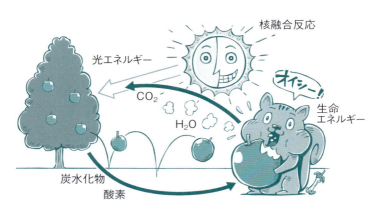

炭素王国は、王様の炭素が生まれ育った恒星の、たぎり立つようなエネルギーを受け取り、それを優しく滋味（じみ）あふれる形にして、生命体に施してくれている

持するのです。

デンプンは、植物が二酸化炭素と水を原料とし、太陽光をエネルギー源として、光合成で合成したものです。いわば「太陽光の缶詰」のようなものです。デンプンは植物にとっては生体をつくる構造物質ですが、動物にとっては重要な食料であり、エネルギー源でもあります。

炭素の放射性同位体 ^{14}C は生命体と王様の「兄弟」

炭素には3種類の同位体 ^{12}C、^{13}C、^{14}C があります。このうち ^{14}C は**放射性同位体**です。放射性同位体というのは不安定原子であり、原子核の一部を放射線として放出して、ほかの安定原子に変わる同位体のことをいいます。

^{14}C においては中性子が陽子と電子に分解し、電子を放射線として放出します。放射線としては $α$ 線、$β$ 線、$γ$ 線などがよく知られています。$α$ 線は高速で飛ぶヘリウム原子核 ^{4}He であり、$γ$ 線はX線と同じ高エネルギーの電磁波です。^{14}C が放出する電子は $β$ 線ということになります。

$β$ 線は放射線ですから、もちろん人体に危険です。しかし、炭素には少ないながら必ず ^{14}C が一定割合、含まれています。そしてこの炭素が私たちの体をつくっているのです。つまり私たちは常に体の内部から $β$ 線を浴び続けているのです。

これを危険と考えるかどうかは、各人の考え方によるでしょう。放射線に関しては**放射線ホルミシス**という考え方があります。これは、大量の放射線を一気に浴びると危険だが、少量の放射線を長期に浴びるのは健康によいという、まるで「晩酌の奨め」のような考え方です。このような考え方があるので、放射性温泉の人気が高いのかもしれません。

🌀 なぜ炭素を使って年代を測定できる？

^{14}C は歴史や科学にとっても重要です。^{14}C は歴史的資料の年代測定に用いられるのです。木彫品、織物、あるいは大昔の植物の破片などがつくられたのはいつのことか？ これを測定することを**年代測定**といいます。資料に炭素原子が含まれている場合には、**炭素年代測定法**が用いられます。

前述したように、^{14}C は電子（β線）を放出します。その結果、^{14}C の中性子が陽子になり、原子番号が1だけ上がります。つまり ^{14}C が ^{14}N、窒素原子になるのです。

すべての反応には固有の速度があります。爆発のように瞬時に終わる速い反応もあれば、包丁が錆びるような遅い反応もあります。これを**反応速度**といいます。反応速度を計るには**半減期**を測定するのが便利です。たとえば、下図のような反応A→Bでは、時間が経つと出発物Aが減っていきます。そしてある時間が経てば、Aの量（濃度）は最初の量の半分になります。この、出発物の量が半分になるのに要する時間が半減期です。半減期が長け

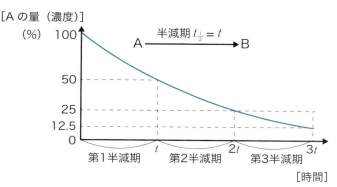

出発物Aの量は、第1半減期で半分となり、第2半減期でそのまた半分となる

れば遅い反応です。半減期の2倍の時間が経過したら、量は $\frac{1}{2}$ の $\frac{1}{2}$、すなわち $\frac{1}{4}$ になります。

反応 $^{14}C \rightarrow {}^{14}N$ の半減期は5730年です。生きている木があったとしましょう。この木は空気中の二酸化炭素を吸って光合成して、炭水化物などとしてCを自分の中に蓄えます。したがって、この木の ^{14}C 濃度は空気中の ^{14}C 濃度と同じです。しかし、木が伐り倒されたら光合成は止まります。外部から ^{14}C が供給されることはありません。一方、木の内部では ^{14}C が減少していきます。

もし、木の ^{14}C 濃度が切り倒されたときの半分になっていたら、その木は伐り倒されてから5730年経ったことになります。$\frac{1}{4}$ になっていたら5730年×2 = 11460年です。この計算が成立するには、「空気中の ^{14}C 量は一定」という条件が必要ですが、^{14}C は地球内部の原子核反応、あるいは宇宙線などによって補給され、条件は満たされることが実証されています。

原子核反応というと、遠い世界の話のように聞こえるかもしれませんが、身の回りどころか、**私たちの体の中で進行中**なのです。

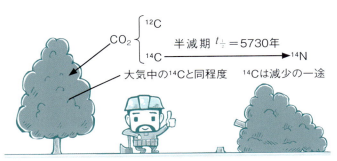

生きている木が蓄える ^{14}C の濃度は空気中の ^{14}C の濃度と同じだが、切り倒されて枯れた木は ^{14}C の濃度がだんだん減っていく。この差を比較して年代を測定する

遺伝情報を伝える王国民「DNA」「RNA」

遺伝といえば核酸、核酸といえばDNAとRNAということになります。これらに関しては後の章でくわしく見ることにしますが、ここでは**遺伝の発現**に言及しておきましょう。

DNAが母細胞から娘細胞に伝達する情報は、背の高さや髪の色といった情報ではありません。DNAが伝達するのはタンパク質の設計図だけです。娘細胞はその設計図に従ってタンパク質をつくります。問題はこのタンパク質です。タンパク質の種類は何万種類もありますが、このようなタンパク質の多くは酵素として働きます。

この酵素が遺伝形質を発現するのです。いわば酵素集団は、建築における大工集団のようなものです。この集団の技量、センスによって、生体の出来上がりが異なってくるのです。

Column1　原子の構造とは？

原子は原子核と電子（電子雲e）からできています。1個の電子は−1の電荷をもちます。原子核はさらに陽子pと中性子nからできています。陽子は+1の電荷をもちますが、中性子は電荷をもちません。陽子の個数を原子番号Z、陽子と中性子の個数の和を質量数Aといいます。質量数は元素記号の左肩に添え字で表します（例：^{14}C）。原子は陽子の個数に等しい個数の電子をもつため、電気的に中性です。

発展拡大する「炭素王国」

炭素の王国には次々と新しい国民が誕生し、その国民が新しい能力を発揮します。つまり、王国は次々と技術革新を起こし、その勢力圏を発展拡大し続けているのです。

炭素はエネルギーを支配する

人類はエネルギーを獲得し、それを自由自在に使いこなすことによってその文明を発展させてきました。**炭素はエネルギーの宝庫**です。エネルギーの上に成り立つ現代文明は、エネルギーを支配する炭素王国によって支配されているといっても過言ではないでしょう。

先に原子核のつくるエネルギーを見ました。原子核のエネルギーは、原子核が融合、あるいは分裂することによって発生するものです。それに対して炭素のエネルギーは、炭素が酸素と反応（燃焼）することによって生じる**反応エネルギー（燃焼熱）**です。炭素の反応エネルギーは熱ばかりではありません。**光エネルギー**も発生します。これがロウソク、ランプなどとして闇を照らし、勉強や研究の時間を長くし、文明の発展を陰から支えてきた長い歴史があります。

原子核エネルギーは、高エネルギー状態の原子核が低エネルギー状態に変化することによって、その間のエネルギー差$\varDelta E$を発生させたものです。炭素の燃焼の場合も同じですが、この場合は炭素原子のエネルギー状態が変化するわけではありません。炭素Cと酸素分子O_2という2種の物質が、二酸化炭素CO_2という新たな物質に変化することによって生じるのです。次の図で考えると

よくわかります。

　CとO₂が別々にいる状態のエネルギーは、両者のエネルギーの和になります。それに対して、CO₂はCO₂固有のエネルギーをもち、これはCとO₂の和より小さいのです。この結果、C + O₂→CO₂という変化が起こると、**系のエネルギーは高い状態から低い状態に変化し、それにともなってエネルギー差 $\varDelta E$ が放出される**というわけです。

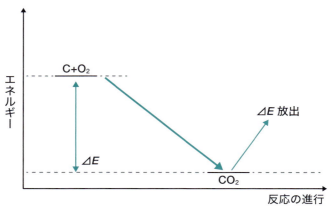

CとO₂がそれぞれもつエネルギーの和は、CO₂がもつエネルギーよりも大きい。この差が $\varDelta E$ として放出される

　人類文明の初期のころ、エネルギー源としての炭素はもっぱら木材や薪でした。しかし、産業革命のころには化石燃料の石炭に代わり、さらに石油、天然ガスと変遷しました。近年、化石燃料の枯渇が明らかになると、シェールガス、シェールオイル、メタンハイドレートなど、**新しい炭素燃料の開発**が進められています。この問題に関しては、**第7章**でくわしく見ることにしましょう。

金属に取って代わる炭素

　昔は、金属は「硬くて燃えず、電気を通し、磁石に吸いつく」というイメージでした。それに対して有機化合物は「軟らかくて燃えやすく、電気を通さず、磁石にもつかない」というイメージでした。ところが、現代ではこのイメージは通用しません。

　まず、燃える金属もあります。毛状の鉄（スチールウール）に酸素雰囲気（酸素に満たされた環境下）で火を近づけると、鉄は激しく燃え出します。また、マグネシウム Mg に水を掛けると激しく反応して燃えます。その上、水素ガス H_2 を発生し、それに着火すると爆発します。そのため、ときおり起こるマグネシウム火災では、消防車は放水することができず、マグネシウムが燃え尽きるまで待つしかありません。消防車にできるのは、周囲への延焼を防ぐことだけです。

　また、硬い有機化合物もあります。ナイフでもハサミでも切れず、防弾チョッキに用いられるものまであります。このような有機物は熱しても燃えず、軟化せず、自動車のエンジン周りの部品として用いられます。

　2000年に白川英樹博士が受賞したノーベル化学賞は**導電性有機物の開発**に対してでした。以来、導電性有機物はATMなど（のタッチパネル）に引っ張りだこの状態です。それどころか、電気抵抗なしに電気を通す超電導性をもった有機物、**有機超電導体**まで開発されています。さらに近年は磁石に吸いつく有機物、**有機磁性体**も開発されています。

　導電体だけでなく、半導体性をもった有機物、**有機半導体**も開発、実用化されています。これを用いた有機太陽電池は、軽く柔軟でカラフルという有機化合物の特徴を生かして、模造観葉植物型の太陽電池などに用いられます。

LEDは半導体の独壇場でしたが、**有機EL**は半導体LEDの勢力範囲を脅かすものです。すでに韓国では、スマホの画面は有機ELが多く、日本も遅ればせながら有機ELのテレビが販売され始めました。

　金属には構造材としてゆるぎない勢力範囲がありますが、そのような「縁の下の力もち」的な範囲ではなく、もっとソフィスティケートされたスマートな活用範囲では、これから先、有機化合物が金属に代わっていくのではないでしょうか。

　炭素王国はこれからも活躍し、発展していくのです。

同位体とは？

　原子の化学的性質は陽子の個数（原子番号）によって決定されます。原子番号の等しい原子の集団を元素と呼びます。したがって、水素（$Z=1$）、炭素（$Z=6$）、窒素（$Z=7$）、酸素（$Z=8$）などは、それぞれ異なる元素ということになります。

　ところが原子の中には、「原子番号は同じだが、質量数は異なる」というものがあります。このような原子を互いに同位体といいます。同位体は、化学的性質は同等ですが、原子核の反応性はまったく異なります。

　炭素（陽子数6個）には中性子の個数が6個、7個、8個のものがあり、それぞれの質量数は12、13、14となるので、^{12}C、^{13}C、^{14}Cと表されます。同位体の原子核反応性は異なりますから、当然、原子核反応の半減期も異なります。

第I部

栄光の炭素王国

第2章
美しい炭素王国

炭素王国の住人はいろいろです。ダイヤモンドのような「美しい人」、アザラシ肢症の原因になったサリドマイドのような「恐ろしい人」、ビタミン B_{12} のように「複雑な構造の人」などです。ここでは王国の人々を見てみましょう。

炭素は美しい王様

　「科学」の一環である化学の話で「美しい」という言葉が出るのを不思議に思われる方もおいでかもしれません。しかし、科学には「美しい」という表現がふさわしい理論、現象がいろいろあります。「美しい」という言葉の意味はたくさんあります。花や宝石は美しいでしょう。しかし、球やピラミッドのような幾何学的な美しさもあります。整然と合理的に展開された理論にも美しさがあります。ここでは、「炭素王国の住民がいかに美しいか」を、いろいろな例を通してご紹介しましょう。

◯ 炭素でできた宝石の王「ダイヤモンド」

　炭素王国には、炭素だけでできた分子と、炭素以外の原子を含んだ分子の2種類があります。このうち、炭素だけでできた分子を特に炭素の**単体**といいます。王様はもちろん、単体です。しかし、炭素の場合には単体も何種類もあります。ダイヤモンドはそのような単体の一種です。

　ダイヤモンドは宝石の王であり、外観の美しさはいうまでもありません。しかし、ダイヤモンドの美しさはそれだけではありません。**分子構造もまた整然とした美しさにあふれている**のです。ダイヤモンドの構造は次の図に示した通りです。

　ダイヤモンドは**屈折率**が高くて硬いことで知られています。確かにダイヤモンドの屈折率は2.42と高いですが、決して「一番高い」わけではありません。炭化ケイ素 SiC でできた宝石、モアッサナイトの屈折率は2.6〜2.7であり、酸化チタン TiO_2 でできた宝石ルチルは2.6〜2.9もあります。

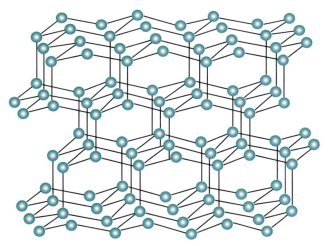

ダイヤモンドは、いうまでもなく純粋な炭素だけでできており、炭素以外の原子は含まれていない。1個の炭素に着目すると、それを中心にテトラポッドの脚の方向に4個の炭素が結合している。このような単位構造が無数につながって1個のダイヤモンド結晶になっているわけなので、ダイヤモンドは1個の結晶が1個の分子ということになり、例のない巨大分子と考えることができる

　ダイヤモンドの硬さはモース硬度で最大の10ですが、もっと硬い物質も存在します。現在、「最高に硬い」と考えられているのは**ロンズデーライト**という鉱物ですが、これはダイヤモンドと同じ炭素の単体です。このように、同じ元素の単体同士を互いに**同素体**といいます。

　ロンズデーライトは、結晶形がダイヤモンドと異なります。非常に珍しい鉱物で、しかも大きなものがないので、硬度は正確に測定されていませんが、シミュレーションではダイヤモンドより58％も硬いことになっています。

最大のダイヤモンド「カリナン原石」

　宝石の重さはカラット（1カラット＝0.2g）を単位として計ります。街の宝石店で普通に見るダイヤモンドの重さは数カラットどまりでしょう。ところが、中にはトンデモなく大きなダイヤモンドも存在します。史上最大のダイヤは、1905年に南アフリカの鉱山で発見された**カリナン原石**で、なんと3106カラット、620gほどもありました。ダイヤモンドの比重は3.5ですから、体積は180mL、牛乳瓶の内容積ほどになります。

　不思議なのはこの原石の形です。ダイヤモンドは水晶のような単結晶であり、完全なものはピラミッドを2つ貼り合わせたような四角双錐形です。ところがカリナン原石は角の取れたガラスの塊のような形です。これは**大きな結晶が壊れた**ことを意味します。つまり、カリナン原石が見つかった周囲にはカケラが転がっている可能性があります。ということで、念入りな調査が行われましたが、見つからなかったといいます。

　この原石は大きいだけでなく、ほぼ完全な無色透明で、高品質なものでした。これは当時の英国王に献呈され、小さくカットされて、宝石として研磨されることになりました。

　当時、ダイヤモンドを分割するには、ダイヤモンドにポンチ（大きな釘のようなもの）を当て、ハンマーでたたいて割る以外ありませんでした。ポンチ

の位置がよければダイヤモンドはパカッと大きく割れますが、位置が悪いと粉々に砕けるといいます。

英国中の宝石商にこの役を引き受けないか尋ねましたが、皆、失敗を恐れて断りました。最終的にこの役を引き受けたのはオランダの宝石商アッシャーでした。彼は原石のあちこちにポンチを当て、脂汗を流しながら位置を検討したといいます。最後に決心してハンマーを振り下ろした途端、興奮で気絶したといいます。

気絶から目覚めた彼が聞いた声は「成功したぞ！」というものでした。その声を聞いた彼はまた気絶したといいますが、「この話は嘘だ」という説もあります。ともかく、この功績で彼はロイ

1905年にプレトリア近郊で発見されたカリナン原石は、七面鳥の卵大の大きさだった。1907年にエドワード7世に贈られ、ここから9つの大きなダイヤモンドがカットされた

写真：Avalon/時事通信フォト

ヤルの称号を贈られ、以来この宝石店は「ロイヤル・アッシャー(ROYAL ASSCHER)」を名乗っています。

それぞれの破片を研磨した結果、最も大きなものは530カラットほどで、王笏(杖のようなもの)の頭につけられました。2番目に大きなものは320カラットほどで、大英帝国の王冠につけられています。英国王の戴冠式には国王がこの2点を身に付けますから、注意して見てください。

◎ なぜダイヤモンドには価値があるのか？

ダイヤモンドは「宝石の王」といわれ、その価格もあらゆる物質中、最高クラスです。しかし、なぜダイヤモンドはそのように高価なのか？ といわれると、答えははっきりしません。ダイヤモンドは輝きはしますが、ガラスと同様に無色です。緑のエメラルドや赤のルビーのように美しい色があるわけではありません。

1つの答えは「**商業戦略の成功**」だという説です。ダイヤモンドはデビアス社を除いて語ることはできません。デビアス社は1880年に南アフリカ共和国に設立された会社で、多くのダイヤモンド鉱山を買い占め、ダイヤモンドの国際マーケットを支配するまでに成長しました。

この会社がダイヤモンドの宣伝にずば抜けたセンスのよさを発揮したのです。ダイヤモンドの美しさを強調したのではありません。無色透明を純潔のシンボルとし、硬さを永遠のシンボルにしたのです。両者を合わせれば「永遠の愛」につながります。かくしてダイヤモンドは女性の魂をわしづかみにし、男性の財布を空っぽにしたのです。世界中で購入される婚約指輪の大部分はダイヤモンドでしょう。

したがって、「需要が多いから、価格が上がるのだ」と考えては

いけません。現在、ダイヤモンドは供給過剰といわれています。それにもかかわらずダイヤモンドの価格が下がらないのは「デビアス社が買い支えているから」だといわれます。

デビアス社が生産者に払ったお金のかなりの部分は、紛争の戦費に使われているといわれます。しかし、デビアス社の力にも陰りが見え始め、ダイヤモンドの価格が崩れるのも時間の問題だという説もあります。これからダイヤモンドを買うのは考えたほうがよいかもしれません。

◯ ダイヤモンドの埋蔵量はまだまだ豊富!?

ダイヤモンドは「供給過剰」といいましたが、どれくらい生産されているのでしょうか？　現在、最も大量に生産しているのはロシアとボツワナであり、両国とも全世界生産量のおよそ25％ずつを生産しています。**2国で全世界の半分**というわけです。

全世界の天然ダイヤモンドの生産量は、2011年で1億3500万カラット（！）。27トンです。驚くほどの量ではないですか？　ロシアのシベリアには太古に落ちた隕石の跡があり、そこが最も優れたダイヤモンド鉱山です。優れた品質のダイヤモンドが生産されるのだそうですが、その推定埋蔵量は、なんと数兆カラット（!!）といいますから、こうなると希少価値はガラス並み（？）です。

さらに、惑星の内部には大量の炭化水素が存在するといわれ、その一部は地圧と地熱で変化し、ダイヤモンドになっているというのです。その推定埋蔵量、何と数兆トン（！！！）だそうです。

2-2 人の手でダイヤモンドをつくる

ダイヤモンドは人工的につくれます。ダイヤモンドは「地中の炭素が、地球内部の地圧と高温によって結合してできたもの」といわれます。それならば、この条件をつくり出せば**ダイヤモンドを合成できる**ことになります。

◎ 失敗に終わったダイヤモンド合成

ダイヤモンドが炭素の単体であることが明らかにされたのは18世紀末、1797年のことでした。このことがわかると、多くの研究者が炭素を原料にしたダイヤモンド合成に取り掛かりました。長いこと成功事例はありませんでしたが、そのような中で「成功した」と最初に発表したのは、フッ素Fと電気炉の研究で高名なアンリ・モアッサン教授で、1890年のことでした。

彼の方法は、鉄の容器に炭素を入れ、それを封じた後、炉に入れて灼熱し、その後、水中に投入するというものでした。鉄が爆発することもある危険な実験でした。この方法は、モアッサン教授以前にも多くの人が行っていましたが、成功例がない方法でした。モアッサン教授は、何か特別の方法でも考えついたのかもしれません。

しかし、高名なモアッサン教授は、自分ではそのような実験をせず、実験はすべて助手に任せました。何回もの失敗の後、その助手君、ついにある日、ダイヤモンド合成に「成功」したのです。助手君は、そのダイヤモンドをモアッサン教授に見せました。喜んだモアッサン教授はただちに報告を書いて発表したとのことです。

しかし、残念ながらこのダイヤモンドは合成品ではなく、天然

のダイヤモンドであることが明らかになりました。実験は失敗していて、報告は間違いだったのです。

察するところこの助手君、毎日毎日、鉄を赤熱して水に投げ入れ、それを割って中を虫眼鏡で観察してダイヤ探しです。しかし、来る日も来る日も失敗、失敗、また失敗です。教授にいっても「実験を止める」とはいいません。いやになった助手君、「この境遇から逃げ出すにはどうしたらよいか」を考えたのでしょう。そのためには、実験を成功させればよいのです。ということで、なけなしの小遣いをはたいてダイヤモンドを買ったのではないでしょうか？ それを砕いてクズダイヤにし、それを教授に見せたのでしょう。

なお、モアッサン教授の名誉のためにいっておくと、モアッサン教授はフッ素と電気炉の研究によって、1906年にノーベル化学賞を贈られています。

◎ 高温・高圧法（HPHT法）で合成する

ダイヤモンドの合成は、このように多くの人によって試みられましたが、最初に成功したのは米国、ジェネラル・エレクトリック社の研究チームで、1954年のことでした。彼らは高温・高圧下における合成を行ったのですが（**高温・高圧法**）、成功した条件は10万気圧、2000℃というものでした。

それでも、できたダイヤモンドの直径は0.15mmといいますから、虫眼鏡でなければ見えないようなものでした。しかも不透明で、とてもではありませんが、宝石といえるような代物ではありませんでした。

実はこの前年の1953年にスウェーデンのチームが成功していたのですが、できたダイヤモンドがあまりに貧弱なものだったので

発表せず、ようやく発表したのは1980年のことだったといいます。

しかしその後、ダイヤモンド合成の技術は向上し、現在では膨大な量が生産されています。世界の合成ダイヤモンドの90～95％は中国で生産され、その量は2015年で150億カラット、30トンに達するといいます。**天然ダイヤモンドの産出量に匹敵**する量です。

合成ダイヤのほとんどは工業用に使われていますが、中には宝石並みの品質をもつものもあり、そのようなものは宝石として出回り、デビアス社を苦しめています。また、故人やペットの遺灰、遺髪から炭素を抽出し、それを「用いて」ダイヤをつくるというビジネスも展開されています。「故人の人柄によって、できたダイヤモンドの色が異なる」などということになったら大変な話ですが……。

◯ 高温・高圧法以外の合成法

現在、ダイヤモンドの合成法はいくつか開発されています。その中で高温・高圧法と並んでよく使われるものに**化学気相蒸着法（CVD法）**といわれるものがあります。

この方法が開発されたのは1950年代といいますが、ダイヤモンドの合成に積極的に利用されるようになったのは1980年代後半といいます。この方法は高温・高圧法とは正反対の方法です。つまり、高真空の反応容器に「タネ」となるダイヤモンドを入れ、1000℃ほどに加熱し、そこに水素ガスH_2とメタンガスCH_4を吹き込むのです。

すると、水素分子が分解して水素原子となり、この水素原子がメタン分子から水素原子をもぎ取って、反応性の高い炭化水素の活性分子種を生じます。これが「タネ」となるダイヤモンドの結

晶表面に触れると、そこに炭素だけを離して、水素が外れていくというのです。

　この反応が延々と繰り返されて、ダイヤモンドの結晶が成長するというのですから、気の遠くなるような話です。しかしこの方法は、透明度が高く、宝石用のダイヤモンドをつくるのに向いていることから注目されています。

Column3　天然物の複雑な構造「パリトキシン」

下図はパリトキシン（2-5参照）の構造です。生物はこのような複雑な構造の分子を毎回、寸分違わず、繰り返し合成しているのです。

「対称の美」をまとう「フラーレン」

　ダイヤモンドは見た目も分子構造も美しいのですが、炭素の同素体には、見た目は真っ黒ながら、分子構造の美しさにかけてはピカイチというものがあります。1996年、ノーベル化学賞がクロトー、スモーリー、カールの3人の化学者に授与されました。C_{60} **フラーレン**の発見という業績によるものでした。

◯ フラーレンは真珠より丸い

　C_{60} フラーレンの"C_{60}"は、60個の炭素原子からできていることを意味します。"フラーレン"は米国の建築家バックミンスター・フラーの名前から取ったものです。この分子の形は、**下図**に示したように、ほぼ完全な球形です。

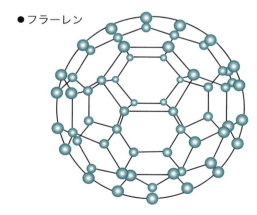

●フラーレン

このような球形のドーム建築（ジオデシック・ドーム）を研究したのがフラーだったので、その名前を取った

| ていねいな表現 | 簡略化した表現 |

ベンゼンC_6H_6のていねいな表現(左)と、簡略化した表現(右)

　炭素を含む分子には、幾何学的な対称性をもった美しい構造がたくさんあります。先に出たメタンCH_4のテトラポッド構造もそのようなものです。一重結合と二重結合が交互に並んで六角形になったベンゼンC_6H_6も美しい構造です。

　フラーレンは、六角形のベンゼン環構造と五角形構造が、サッカーボールのように並んだ構造をしています。**分子の中で最も完全で美しい構造**といえるのではないでしょうか？

◎ フラーレンの用途はどんどん広がる

　フラーレンは、発見当時は希少で貴重なものでした。当時、金は1g1500円ほどでしたが、フラーレンは1g1万円もし、「金より高い」といわれました。しかしその後、**アーク放電**を用いた簡便な合成法が開発され、現在では大量生産のおかげで価格も妥当になっています。

　それに応じて用途も広がりつつあります。変わった用途として化粧品があります。フラーレンは**抗酸化作用**があるので、それを利用して肌の荒れを防ごうというものです。また、球形からの連

想かもしれませんが、**潤滑作用**があるということで、潤滑油に混ぜられることもあります。

科学的な用途としては**半導体性**が注目されています。それを利用して太陽電池や有機ELの原料にも用いられます。

⬡ 粘り強いカーボンナノチューブ

最近、フラーレンの類似物質が注目されています。その1つが**カーボンナノチューブ**です。これはフラーレンを引き延ばしたような円筒形の分子です。多くの場合、両端は閉じています。円筒は一重だけとは限らず、入れ子式に何層にも重なったものもあります。7層のものが知られています。

カーボンナノチューブは機械的強度が大変高いので、高強度繊維としての利用が検討されています。将来、人工衛星と地上を結ぶエレベーター、宇宙エレベーターをつくろうという試みがあり、カーボンナノチューブはそのケーブルの候補に挙げられています。また、宇宙にセットした巨大太陽電池の電力輸送ケーブルに使おうという考えもあります。

カーボンナノチューブは、フラーレンと同じように**半導体性**があるので、いろいろな電子素子の部品としての用途もあります。

●カーボンナノチューブ

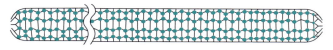

変わったところでは、このチューブの中に薬剤を入れ、ガンなどの病巣に優先的に届ける薬剤配送システム(DDS：Drug Delivery System)に利用しようという試みもある

セロハンテープで研究が進んだグラフェン

カーボンナノチューブを切り開くと、金網のような、六角形が連続した平面分子ができます。これを**グラフェン**といいます。グラフェンは、グラファイト（黒鉛）の層状構造の一層を取り出した構造です。

研究の最初のころは、グラフェンの入手が困難で、研究は滞りがちだったといいます。ところが、2004年に1人の研究者が「コロンブスの卵」的な発想にたどりつきました。なんと、グラファイトにセロハンテープを貼り、それをはがすのです。するとセロハンテープに一層のグラフェンがくっついてくるというのです。これ以降、研究は急速に進み、研究者は2010年にノーベル賞を受賞しました。アカデミー賞並みに助演賞があったら、セロハンテープにノーベル助演賞をあげたいですね。

●グラフェン

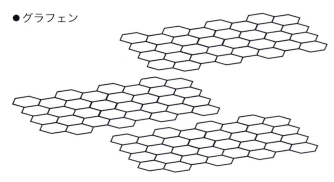

グラフェンは、銀以上に高い電気伝導性や、光学的に高い不透明性をもつなど、これまでの物質と異なる性質をもち、将来の電子素子などの原料として注目されている

妖しい鏡に映し出される「光学異性体」

 炭素の王国を構成するのは、王様である炭素原子と、それがつくる分子であり、王国の住民である炭素化合物、つまり有機化合物です。有機化合物の種類は「無数」としかいいようがないほどたくさんあります。それだけに、単純で幾何学的に美しいものから、妖しいほどに複雑奇怪なものまで何でもそろっています。

◇ 似て非なる「異性体」

 分子を構成する原子の種類と個数を表した式を**分子式**といいます。H_2O や CH_4 はその例です。しかし、分子式だけでは原子の並び順はわかりません。水の場合、H-H-Oと結合しているのか、H-O-Hとなっているのかは、分子式からではわかりません。正しい並び順を示したH-O-Hを**構造式**といいます。

 有機分子の場合には、分子式が同じで、構造式の異なる分子が現れます。たとえば分子式 C_4H_{10} は、**下図**の①と②、2種類の構造が可能です。

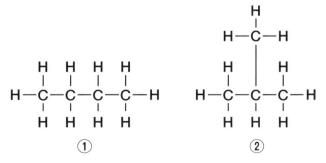

①も②も、分子式C_4H_{10}の分子だが、構造式は違う

A、Bはともに実際に存在しますが、性質も反応性も異なり、互いにまったく別個の分子です。このような分子を互いに**異性体**といいます。つまり、**分子式C_4H_{10}の分子には、2個の異性体が存在する**のです。

　分子の異性体の個数は、分子を構成する原子数が多くなると加速度的に多くなります。炭化水素の異性体の個数が、炭素数の増加とともに増えていく様子を表に示しました。

分子式	異性体の個数
C_4H_{10}	2
C_5H_{12}	3
$C_{10}H_{22}$	75
$C_{15}H_{32}$	4,347
$C_{20}H_{42}$	366,319

　炭素数が3個以下の場合には異性体は存在しませんが、4個になると2個、10個で75個、そして20個ではなんと約36万個になります。ポリエチレンは炭化水素の一種ですが、その炭素数は1万個を超えます。ポリエチレンの異性体の個数は、考えただけで気が遠くなるような、天文学的な数字になるでしょう。

　このことは、有機化合物の種類がいかに多いかを端的に示すものです。有機化合物の種類を数えるなどということは不可能です。「無数」としか答えようがありません。炭素王国の国民の数は地球の総人口をはるかに超えるでしょう。

◎「右手」と「左手」は異なる手

先に、メタンCH_4は正四面体構造であることを見ました。この立体構造を一般に**下図左**で表します。

下図左で、直線で表した結合は紙面の上に載り、実線の楔形の結合は手前に飛び出し、点線の楔形の結合は紙面の奥に引っ込む、と約束することにしましょう。慣れてくると、**下図左**を見たときに、**下図右**のようにテトラポッド（消波ブロック）の形が目に浮かぶようになります。

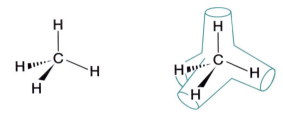

メタンCH_4は正四面体構造。テトラポッドのようだ

下図の分子①、②は、メタンの4個の水素をW、X、Y、Zという、互いに異なる4種の原子（あるいは原子団＝置換基）に置き換えたものです。

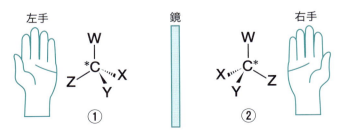

①と②は同じ分子式だが、回転させても決して重ならない。これを光学異性体という

①と②は、分子式は同じ（CWXYZ）ですが、互いにどのように回転させても決して重なることはありません。つまり互いに異性体なのです。それもそのはず、①を鏡に映すと②になり、②を鏡に映すと①になります。つまり、右手と左手の関係、鏡像関係にあるのです。

　このような異性体を特に**光学異性体**といいます。4個の異なる**置換基**のついた炭素を特に不斉炭素といい、「＊C（C＊）」で表します。不斉炭素にはほとんど光学異性体が発生します。

　光学異性体の化学的性質はまったく同じです。ですから、①と②の混合物を化学的手段で①と②に分離する（光学分割する）ことはできません。それどころか、化学的方法で①を合成しようとすると、①だけでなく②もでき、結局、①と②の1:1混合物（ラセミ体）を生成します。

　ところが、**光学異性体の生物に対する影響（反応性）はまったく異なります**。しかも、自然界には光学異性体がたくさん存在するのです。

なぜか自然界には「右手」しかない

　自然界に存在する光学異性体の身近な例は**アミノ酸**です。後に見るように、アミノ酸はタンパク質を構成する**単位分子**で、全部で20種類あります。アミノ酸には、中央の炭素に4個の置換基、R、H、NH_2、COOHがついていて、各アミノ酸の違いは置換基Rの違いです。したがって、アミノ酸の中央炭素は不斉炭素であり、アミノ酸には2つの光学異性体が存在することになります。それぞれを**D体、L体**といいます。次の図はアミノ酸の1つである**グルタミン酸**のD体とL体です。

　ところが、**自然界に存在するアミノ酸はL体だけなのです**。き

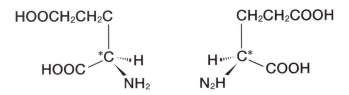

D-グルタミン酸(左、D体)とL-グルタミン酸(右、L体)。自然界に存在するのはL-グルタミン酸だけだ

わめて少数の例外を除いて、D体は存在しません。実験室でアミノ酸をつくったら、D体とL体の1:1混合物（ラセミ体）になるのですが、**生体がつくるとすべてL体になる**のです。その理由は誰にもわかりません。心臓が左にあり、朝顔の「つる」が左巻きなのと同じです。「神様の思し召し」としかいいようがありません。

「うま味調味料」はグルタミン酸です。以前は、うま味調味料は化学合成でつくられていました。そのため100gのうま味調味料のうち、「うま味」があるのはL体の50gだけであり、残り50gは味も素っ気もなかったはずです。しかし現在では、微生物による発酵でつくっています。微生物は生物です。したがってL体しかつくりません。ですから、現在のうま味調味料は**100gすべてにうま味があるはず**です。

⬡ 光学異性体の悲劇

1957年、西ドイツ（当時）の製薬会社がサリドマイドという睡眠薬を開発し、市販しました。ところがほどなくして、サリドマイドには重篤な副作用があることがわかりました。妊娠初期の女性が服用すると、四肢に異常がある、特に両手の腕がない赤ちゃんが生まれる、というのです。アザラシ肢症と呼ばれ、大問題と

なりました。被害者は確認されただけで、全世界で3900人にのぼりました。日本でも309人が誕生しました。

原因はサリドマイドの**光学異性**にあることがわかりました。サリドマイドには**下図**に示した光学異性体が存在します。このうちの片方には**催眠性**があり、もう片方には**催奇形性**があったのです。どちらがどうだったのかはわかりません。というのは、サリドマイドは特殊な構造であり、①を服用しても、②を服用しても、体内に入るとおよそ10時間で①と②の1:1混合物になるのです。サリドマイドが製造禁止、販売禁止になったのはいうまでもありません。

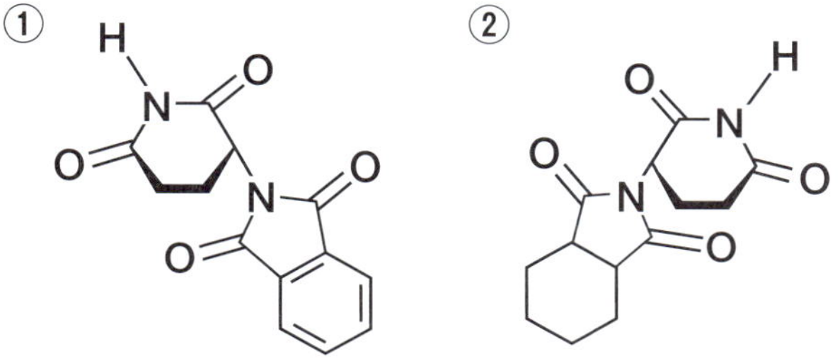

サリドマイドの構造式。①、②のどちらかに催奇形性があった

ところが、その後調べてみると、サリドマイドの催奇形性は、胎児の毛細血管の発生を阻害することによるものであることがわかりました。この効果を利用すれば、がん細胞の毛細血管発生を阻害する、つまり抗がん作用が期待できます。また、糖尿病性の失明は、不要な細い毛細血管が発生して、それが破裂することによります。これも、サリドマイドの薬効が期待できます。

ということで、サリドマイドは医師の厳重な管理の下でのみ使用できる特殊医薬品として、再認可されることになりました。**毒と薬は同じものなのです。**

2-5 複雑で美しい構造をもつ「妖しい迷宮」のような有機化合物

　紀元前2000年ごろ、エーゲ海にミノス文明という文明が栄えました。そこの王宮はクノッソス宮殿と呼ばれ、華麗な壁画に彩られて、広大な多くの部屋があり、それらが長大で曲がりくねった廊下でつながれていました。そのため、外部の者が侵入すると、方向を失って外に出ることができなくなり、この宮殿は迷宮といわれました。

　有機化合物には、まさしくこの迷宮にも匹敵するほど複雑であり、その複雑さゆえに**独特の美的要素をもったものが存在**します。DNAやRNAなどは裸足で逃げ出すようなものです。

◎ サンゴ礁や石鯛（イシダイ）の毒「パリトキシン」

　有機化合物の構造は、メタンのように単純なものからトンデモなく複雑なものまで、いろいろあります。中でも特に複雑なものは、**フミン酸や石炭**でしょう（**右ページの図**）。フミン酸とは、ドナウ川のようなヨーロッパ大陸の大河を茶色く濁らせている物質であり、植物の構成分子が分解、腐敗、融合するうちに生じた巨大分子です。ただし、その生い立ちから推測できるように、その構造に再現性はありません。一般にこのようなものは分子構造とはいいません。石炭の構造も同様です。

▶石鯛の毒

　「磯釣りの王者」といわれる石鯛には「毒がある」といわれます。「食べると激しい筋肉痛が起こることがある」というのです。これは、日本近海の水温が上がったせいで、昔は南洋にしか存在しなかった「サンゴ礁の毒」と呼ばれるものが日本近海に現れたためだ

フミン酸の化学構造モデル。構造に再現性がないので、分子構造とはいわない
出典：Schulten, 1993

といわれています。

　この毒はフグ毒や貝毒のように、フグや貝が自分で生産する毒ではなく、餌の中に含まれる毒を石鯛が体内に溜め込んだものです。したがって、石鯛の毒も貝毒と同じように、季節によって強弱があるようです。

　サンゴ礁の毒と呼ばれるものは何種類かありますが、中でも強力なのは**パリトキシン**と呼ばれるもので、サンゴ礁に棲むある種のスナギンチャクが生産する毒です。"トキシン"というのは、一般に「ポイズン」と呼ばれる毒のうち、生物が生産する毒だけを

指す一般名です。

パリトキシンが発見されたのは1971年のことです。これを天然物有機化学者が研究して、その分子構造を明らかにしたのは1982年のことでした。ムーア、岸、上村らの3グループが独自に研究し、ほぼ同時に構造を発表しましたが、同じ構造でした。

その構造を見てください (**43ページのColumn3参照**)。この構造は、人類が明らかにした天然物の分子構造の中で最も複雑なものといわれます。もちろん、フミン酸の構造とは違って、構造に再現性があります。サンゴ礁のスナギンチャクさんは毎回、1カ所も間違うことなくこの分子を生産しているのですから、「たいしたものだ」と舌を巻きます。

パリトキシンの全合成に成功

ところが1994年、岸らのグループがこの化合物の**全合成に成功**したのです。世界中の化学者が驚きました。というのは、パリトキシンの構造は、考えれば考えるほど複雑だからです。

この分子には不斉炭素が64個含まれます。2-4で見たように、不斉炭素が1個あれば2個の光学異性体が現れ、本物の天然物はそのうちの一方だけなのです。ということは、パリトキシンの本物の構造は、光学異性体を考慮しなかった場合の単純構造（平面構造）の2^{64}分の1という、天文学的な小ささになってしまうのです。

パリトキシンの全合成を上回るほど複雑な全合成は、以来、行われたことはないといいます。にもかかわらず、岸博士にノーベル賞が贈られることはありませんでした。学会における天然物有機化学の地位が低かったのか、日本の化学界の発言力が弱かったのか、考えさせられることではあります。

◯ ビタミン B₁₂

　分子構造の複雑さでパリトキシンと並び称されるものにビタミンB₁₂があります。ビタミンB₁₂の構造は**下図**に示したように大変複雑なものですが、その平面構造が明らかになったのは1948年でした。

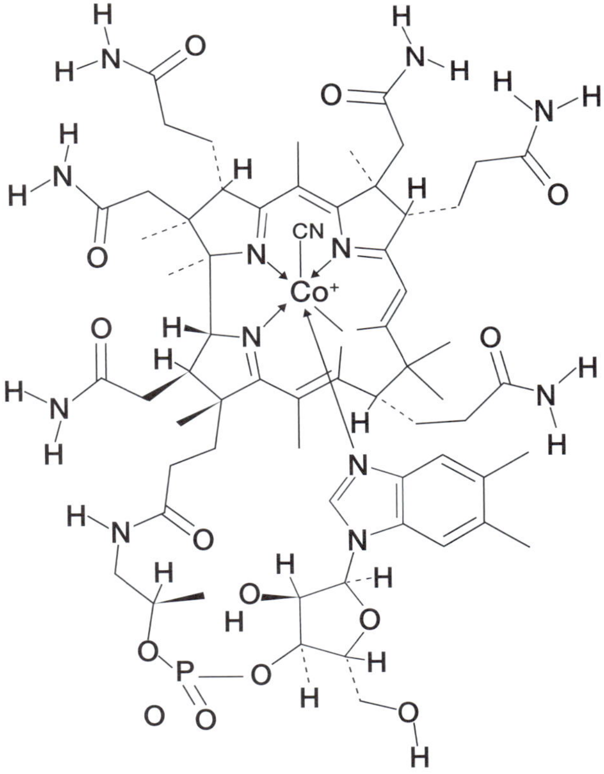

ビタミンB₁₂の構造式。「-----」は紙面の奥に伸びる結合。「⟶」は配位結合という特殊な結合で、引力の一種と考えてよい

その後、1961年、ドロシー・ホジキンによるX線構造解析によって立体構造が明らかにされました。ホジキンはX線を用いた有機化合物の構造決定によって、1964年にノーベル賞を受賞しました。その構造はあまりに複雑であり、合成は不可能といわれました。

　ところが、1973年にロバート・ウッドワードとアルバート・エッシェンモーザーという二大化学者が協力して全合成に成功したのです。これは有機合成化学における最大の金字塔といわれる業績です。ウッドワードは多くの天然物の合成に成功した業績で1965年にノーベル化学賞を受け、20世紀最大の化学者と称されています。

　ウッドワードの業績はそれだけではありません。ビタミンB_{12}合成の途中で、協力者のロアルド・ホフマンとともに、**ウッドワード・ホフマン則**といわれる、有機量子化学における一大発見をなしたのです。

　この法則は、後に日本の化学者の福井謙一による**フロンティア軌道理論**と類似のものであることが明らかになり、ホフマンと福井は1981年にノーベル化学賞を受賞しました。残念ながらウッドワードは1979年に他界していたため、受賞はできませんでしたが、もし存命ならば、ノーベル賞を同じ領域で2回受賞という稀有な例になったはずです。

第3章
生命体をつくる炭素王国

炭素王国の国民に課せられた最大の使命は「生命体をつくる」ことです。その使命に従う国民の主なものには、炭水化物、タンパク質、油脂などがあります。ここでは、これらの国民が、どのようにして使命を果たしているのかを見てみましょう。

太陽と協力する「光合成」

　地球上にはたくさんの種類、たくさんの個体数の生命体が存在しています。その種類は哺乳類だけでも4500種ほどといわれ、昆虫や菌類まで数えたら、その種類は数千万に達するかもしれません。個体数は人類だけでも75億に達します。生命体の全個体数などといったら、炭素王国の「人口」と同じように「無数」としかいいようがないように思えます。

　これだけ多くの生命体が地球上に存在できるのは、地球が太陽という恒星の周囲を回る惑星だからにほかなりません。炭素王国では太陽から送られてくるエネルギーを利用し、地球上にある無機化合物を原料として有機化合物をつくりだし、それで生命体の主原料である炭水化物、油脂、タンパク質をつくります。太陽のエネルギーを、多くの生物が利用できる形に咀嚼してくれるのです。地球上に生命体があふれているのは、まったくもって炭素王

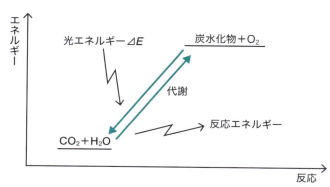

太陽の光エネルギーと二酸化炭素、水で植物が育ち、炭水化物と酸素を供給する。これにより地球は生命体の楽園となった

国の働きがあるからなのです。

◎「熱」+「光」の太陽エネルギー

　太陽は恒星の一種です。恒星は水素原子が集まったものであり、そこでは水素原子が核融合してヘリウムとなり、その際に発生する核融合エネルギーによって、表面でも6000℃の高温になっています。

　太陽はその核融合エネルギーを、熱エネルギーと光エネルギーとして宇宙空間に放出しています。これらのエネルギーは太陽と地球間の距離、約1億5000万kmを旅して地球に達します。この距離が大切です。これより近ければ地球の温度は高くなり、水は蒸発してなくなってしまうので、少なくとも地球型の生命体は発生しなかったでしょう。反対にこれより遠ければ、温度が低くなり、水は凍って固体となって流動性をなくし、低温のために生化学反応も進行せず、やはり生命体は発生しなかったでしょう。

◎「燃焼反応の逆」が光合成

　地球上の生命体は多かれ少なかれ、太陽の熱、光エネルギーを利用して生きています。なかでも太陽光を最も有効に利用しているのは**植物**でしょう。植物は**クロロフィル**という**有機化合物**で光を受け、そのエネルギーを利用し、二酸化炭素CO_2と水H_2Oを原料として、各種の炭水化物$C_n(H_2O)_m$を合成します。このときに起こる一連の反応をまとめて**光合成**といいます。

　クロロフィルの分子構造を**次図左**に示します。有機物でできた環構造の中に、金属原子であるマグネシウムMgが入っています。この環構造部分を一般に**ポルフィリン環**といいます。

　哺乳類は体内の酸素運搬にヘモグロビンを使います。ヘモグロ

クロロフィル　　　　　　　　　　**ヘム**

クロロフィル（左）とヘム（右）の分子構造。ポルフィリン環の中にマグネシウムMgが入ったものがクロロフィル、鉄Feが入ったものがヘム

　ビンはタンパク質と**ヘム**という有機分子からできた複合体ですが、このヘムは**クロロフィルのソックリさんです**（**図右**）。つまり、ポルフィリン環の中に鉄原子Feが入っているのです。

　植物と動物では随分と違いがあるように思えますが、分子レベルで見ると、その中枢部分は意外と似ているのです。それどころか、DNAは同じものです。違いは書き込まれている情報だけです。「神様の道具箱」の中には割と少ない種類の原料しか入っていないのかもしれません。きっと、ブロックおもちゃの種類は少なくても、それを組み立てれば無数の立体がつくれるようなものなのでしょう。

　光合成のエネルギー関係は、先に見た燃焼反応の場合のちょうど逆になります。燃焼反応の出発物質である二酸化炭素と水の混合物がもつエネルギーの和は低いのですが、ここに光エネルギー$\varDelta E$が加わるとこのエネルギーを吸収して、$\varDelta E$だけ高エネルギーの炭水化物と酸素の混合物になるわけです。この炭水化物を草食動物が食べ、消化・吸収・代謝という操作を経て酸素や窒素と反応させることによって、タンパク質などの生体構成物質と、生命活動のために必要なエネルギーを獲得するのです。

炭水化物は太陽エネルギーの「缶詰」

炭水化物は分子式が$C_n(H_2O)_m$で、形式的には炭素Cと水H_2Oが結合したように見えますが、決してそのような単純なものではありません。炭水化物の種類は多く、**単糖類、多糖類、ムコ多糖類**などに大きく分けられます。

炭水化物は動物のエネルギー源であり、これ1gが代謝、すなわち体内で燃焼されて二酸化炭素と水になると、約5kcalのエネルギーが発生します。太陽エネルギーによってつくられ、生物にそのエネルギーを供給する炭水化物は、まさしく**太陽エネルギーの「缶詰」**といえるでしょう。

単糖類〜ブドウ糖、果糖／二糖類〜砂糖、ショ糖、麦芽糖

植物が光合成によって最初につくる糖類は、炭素数5〜6個の、主として環状の化合物です。これを**単糖類**といいます。単糖類という理由は、この単糖類が2個結合するとスクロース（砂糖、ショ糖）やマルトース（麦芽糖）などの**二糖類**となり、たくさん結合すると、デンプンやセルロースなどの**多糖類**となる、という具合に、炭水化物の単位物質となっているからです。

単糖類の中で最もよく知られているのは**グルコース（ブドウ糖）とフルクトース（果糖）**でしょう。グルコースは水中では環状化合物と鎖状化合物の混合物になっていて、環状構造には立体構造の違いによって$α$型と$β$型があります。

グルコースが2個脱水結合すると**マルトース（麦芽糖）**となります。麦芽糖はその名前の通り、麦の芽である麦芽に含まれます。

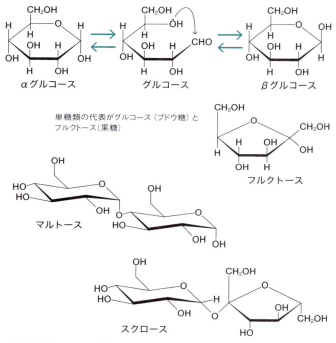

単糖類の代表がグルコース（ブドウ糖）とフルクトース（果糖）

二糖類の代表がマルトース（麦芽糖）とスクロース（砂糖、ショ糖）

麦芽はビールやウイスキーの原料として重要なものです。

　グルコースとフルクトース（果糖）が脱水結合すると**スクロース（砂糖、ショ糖）**になります。スクロースをフルクトースとグルコースに分解した混合物を**転化糖**といいます。フルクトースはスクロースより甘いことから、同じ重さのスクロースと転化糖を比べれば、転化糖のほうがスクロースより少量（少ないカロリー）で甘みを感じることができるので、かつてはダイエット食品のように考えられたこともありますが、しょせんは「焼け石に水」です。

多糖類〜デンプン、セルロース

単糖類がたくさん脱水結合したものを**多糖類**といいます。多糖類としては、何といっても**デンプン**と**セルロース**が有名ですが、この2つはいずれもグルコースからできており、分解すればともにグルコースになります。

▶ デンプンとセルロース

ところがこの2つは立体構造が異なり、デンプンは先に見た α グルコースからできていますが、セルロースは β グルコースからできています。草食動物の消化酵素は両者を分解できますが、人間の消化酵素はデンプンしか分解できません。そのため、自然界に莫大な量が存在するセルロースを食料にできないのです。これは人類の存続にとって大きなハンディキャップです。乳酸菌とかビフィズス菌が健康によいとか、長らくいわれていますが、**セルロース分解菌を腸内で増殖できれば、人類にとっての福音**になることでしょう。

セルロース

残念ながら人間はセルロースを分解できない

▶ アミロースとアミロペクチン

デンプンには**アミロース**と**アミロペクチン**という種類があります。アミロースは1本の長い鎖状構造であり、アミロペクチンは枝分かれ構造です。もち米に含まれるデンプンはアミロペクチン100％ですが、普通の米には20〜30％のアミロースが含まれます。おもちが粘るのは、枝分かれのあるアミロペクチンが互いに絡ま

るためといわれます。

アミロース

普通のお米にはアミロースが20〜30%含まれている

▶ αデンプンとβデンプン

デンプンはまた**α デンプン**と**β デンプン**に分けて考えることもできます。生のデンプンを β デンプンといいます。β デンプンは結晶状態であり、硬くて消化酵素が浸み込めません。そのため消化によくありません。

しかし、これを煮ると結晶の中に水が入って結晶が崩れ、柔らかくなります。この状態を α デンプンといいます。α デンプンを冷やして放置すると水がデンプンから抜け、元の β 状態になります。これが冷や飯状態です。しかし、α デンプンを急速に加熱乾燥するとか冷凍すると、α 状態のままでいます。これが昔の保存食である焼米、あるいは煎餅、ビスケットなどに相当します。

◎ ムコ多糖類〜キチン、ヒアルロン酸、コンドロイチン硫酸

単糖類には、グルコースなどのような炭水化物のほかに、窒素原子Nをもったものもあります。これは炭水化物の単糖類のOH原子団(ヒドロキシ基)の一部をアミノ基NH₂に置き換えたもので、一般に**アミノ糖**といわれます。**グルコサミンやアセチルグルコサミン**がよく知られています。健康食品のコマーシャルで耳にした

ことがあるのではないでしょうか？

アミノ糖を成分とする多糖類を一般に**ムコ多糖類**といいます。カニや昆虫の外殻成分である**キチン**が有名です。そのほかにも、**ヒアルロン酸**は関節の循環作用や皮膚の保湿作用があることから、医薬品や化粧品として用いられます。また**コンドロイチン硫酸**は軟骨や皮膚を形成しており、多くはタンパク質に結合した形で存在します。

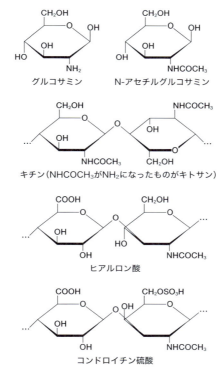

ムコ多糖類の構造。ムコ多糖類は、形状や存在する箇所などから骨やタンパク質の一種と勘違いされることもあるが、れっきとした炭水化物である

生命体が生命体であるために欠かせない「油脂」

　生体に含まれる油を**油脂**といいます。油脂のうち、常温で固体のものを**脂肪**、液体のものを**脂肪油**といいます。したがって、一般に哺乳類の油脂は脂肪、魚介類や植物の油脂は脂肪油ということになります。1gの油脂を代謝すると9kcalのエネルギーを発生するので、生体にとっては重要なエネルギー源です。が、同時に、メタボの重大な原因ともなります。

◯ 油脂が生命体に欠かせないワケ

　油脂は最近、ダイエットの敵として嫌われているようですが、かわいそうです。油脂は高エネルギー物質であるだけでなく、生体の重要な部分をつくる原料としても必須です。

　ところで、一般に「生体」といいますが、その定義をご存じでしょうか？　それは、①遺伝能力、②代謝能力（自分で栄養を獲得する）、③細胞構造、この3つの能力をもつことです。

　細菌は生物ですが、同じようなウイルスは生物ではありません。それは、ウイルスは③を欠いているからです。ウイルスはDNAをタンパク質製の容器に入れているだけで、細胞構造をもっていません。だからウイルスは生物ではなく、ただの（？）「物質」なのです。

　それでは細胞とは何でしょう？　それは**細胞膜で囲まれた容器の中に、生命維持と遺伝の装置を内蔵したもの**です。つまり、生命体であるためには**細胞構造**がなければならず、そのためには**細胞膜**がなければならないのです。細胞膜がなければ細胞構造は成り立たないからです。そして、その細胞膜の原料になるものが

リン脂質という有機化合物であり、その原料になるのが油脂なのです。

つまり、**油脂は生命体が生命体であるための、決定的に重要な材料**なのです。「メタボがどうのこうの」といっている場合ではありません。

$$\begin{array}{c} CH_2-O-COR \\ | \\ CH\ -O-COR' \\ | \\ CH_2-O-COR'' \end{array} \xrightarrow{\text{リン酸 } H_3PO_4} \begin{array}{c} CH_2-O-COR \\ | \\ CH\ -O-COR' \\ | \\ CH_2-O-P(OH)_2 \\ \| \\ O \end{array} \longrightarrow 細胞膜$$

油脂　　　　　　　　　　　　　リン脂質

◎ 油脂 = グリセリン + 脂肪酸

油脂1分子を分解すると、1分子の**グリセリン**と3分子の**脂肪酸**になります。グリセリンはただ一種の分子の名前ですから、どのような油脂を分解しようと、必ずグリセリンが生成します。グリセリンはアルコールの一種であり、これを硝酸で処理すると、ダイナマイトの原料や狭心症の特効薬として知られるニトログリセリンになりますが、その話は後の章に譲りましょう。

しかし、脂肪酸には多くの種類があり、1分子の油脂から得られる3分子の脂肪酸は、すべて同じ脂肪酸のこともあれば、それぞれ異なる場合もあります。**油脂の種類の違いは、脂肪酸の組み合わせの違い**ということになります。

$$\begin{array}{c} CH_2-O-COR \\ | \\ CH\ -O-COR' \\ | \\ CH_2-O-COR'' \end{array} \xrightarrow{\text{水 } H_2O} \begin{array}{c} CH_2-OH \\ | \\ CH\ -OH \\ | \\ CH_2-OH \end{array} + \begin{array}{c} HO-CO-R \\ HO-CO-R' \\ HO-CO-R'' \end{array}$$

油脂　　　　　　　　グリセリン　　　　　脂肪酸

🜂 脂肪酸は構造の違いで2種類に分けられる

食品に含まれる脂肪酸の多くは、10〜20個程度の**炭素鎖**からできています。脂肪酸には、炭素鎖に二重結合を含む**不飽和脂肪酸**と、含まない**飽和脂肪酸**があります。脂肪の脂肪酸は飽和脂肪酸、脂肪油の脂肪酸は不飽和脂肪酸です。

▶ 頭によいといわれるIPAとDHA

魚介類に含まれて「頭によい」とかいわれるIPAやDHAは不飽和脂肪酸です。IPAは**イコサペンタエン酸**の略で、「イコサ」はギリシア語で20の意味、炭素数が20個であることを表します。また、ペンタは5の意味で、二重結合が5個あることを示します。同様にDHAは**ドコサヘキサエン酸**の略であり、ドコサは22個、ヘキサは6個を表します。

▶ 体によいといわれる ω (オメガ) -3脂肪酸

最近、**ω-3脂肪酸**が「体によい」といわれますが、「ω-3」とは炭素鎖の端から3番目の炭素に二重結合がついていることを示し、前述のIPAやDHAはこの条件に合致します。

液体の脂肪油に水素を反応させると、二重結合に水素が付加して一重結合になります。これにともなって、液体の脂肪油が固体の脂肪になります。このようなものを一般に**硬化油**といい、マーガリンやショートニング、セッケンなどに用いられます。ただ

し、この操作ではすべての二重結合が一重結合になるのではなく、1〜2個の二重結合はそのまま残ります。

▶ 体に悪いトランス脂肪酸

ところで、脂肪酸の二重結合には、各炭素に1個ずつ水素がついています。この場合、2個の水素の位置関係に違いが生じます。2個の水素が二重結合の同じ側についたものを**シス体**、反対側についたものを**トランス体**といいます。自然界に存在する不飽和脂肪酸は、すべてシス体になっています。IPAもDHAもシス体です。たとえば、自然界に存在するオレイン酸もシス体なので、分子構造は途中で曲がっています。ところが**人工的**につくった**硬化油に含まれるオレイン酸はまっすぐなトランス体**なのです（次ページの図参照）。

Column4 数詞をもとに決められる有機化合物の名前

有機化合物の名前は、基本的に炭素数、二重結合数など、数詞をもとにして決められます。その数詞はギリシア語です。いくつかの例を見てみましょう。

1　モノ　　例：モノレール（レールが1本）
2　ジ、ビ　例：bicycle（二輪車、自転車）
3　トリ　　例：トリオ（三重奏）
4　テトラ　例：テトラポッド（脚が4本）
5　ペンタ　例：ペンタゴン（米国防総省、平面が5角形）
6　ヘキサ　例：ヘキサパス（昆虫、脚が6本）
8　オクタ　例：オクタパス（タコ、脚が8本）

このような**トランス脂肪酸**は健康によくないことが知られています。悪玉コレステロールを増加させ、心血管疾患のリスクを高めるというのです。2003年に世界保健機関（WHO）は、「トランス脂肪酸の摂取量は総エネルギー摂取量の1％未満に控えるべき」との勧告を発表しました。目安としては約2g未満／1日です。

トランス - オレイン酸

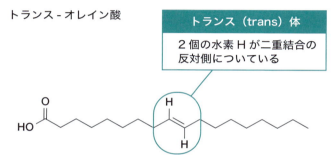

人工的につくり出されたオレイン酸。分子構造は一直線。とりすぎると健康によくないとされている

シス - オレイン酸

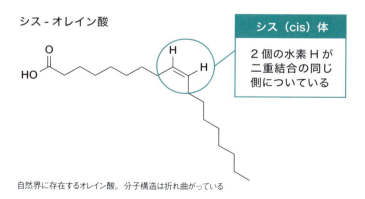

自然界に存在するオレイン酸。分子構造は折れ曲がっている

タンパク質は「生命体の本質」

タンパク質というと、焼肉屋さんのお肉を思い出しますが、それではタンパク質に失礼というものです。炭素王国の最重要メンバーが焼肉では、王様が泣くというものです。

タンパク質の多くは、確かにコラーゲンとして動物の体を構成する重要要素です。しかし、タンパク質の本当に大切な働きは、**酵素**としての働きです。酵素こそは、生化学反応の支配者、DNAの遺伝情報を発現する実行者として、生命体の最重要な役を一手に担っているのです。

タンパク質は多数個のアミノ酸が結合した天然高分子です。それでは、「たくさんのアミノ酸が結合したものは、すべてタンパク質なのか？」といわれると、実はそれほど単純ではないのです。

狂牛病の原因はタンパク質のたたみ方にあった！

アミノ酸は互いに結合できます。何百個ものアミノ酸が結合してできた長い「ひも状分子」、すなわち天然高分子を**ポリペプチド**といいます。"ポリ"はポリエチレンの「ポリ」と同じで、ギリシア語で"たくさん"を意味します。

アミノ酸の結合順序、それはタンパク質の構造にとっては最も重要なことです。これをタンパク質の**平面構造**といいます。

それではポリペプチド＝タンパク質となりそうなものですが、実はそれほど単純ではありません。ポリペプチドの中の特別なもの、いわばポリペプチドの「エリート」だけがタンパク質と呼ばれるのです。

エリートの条件、それは**立体構造**です。タンパク質は、ポリペ

プチドの「ひも」がキチンと再現性をもってたたまれていることが大切なのです。このたたみ方によって、タンパク質としての機能が出てきます。クリーニング屋さんから戻ってきたYシャツのたたみ方、それが大切なのです。クシャクシャッと丸めたのでは、タンパク質とはいえません。

　一時、大変な問題になった**狂牛病**がこのたたみ方に関係していました。狂牛病の原因になったのは**プリオン**というタンパク質です。これは体内にある普通のタンパク質なのですが、これが誤ったたたまれ方をしたもの、要するに**立体構造が正常型でなかったものが狂牛病の原因だった**のです。

なぜ「焼肉」は「生肉」に戻らないのか？

　タンパク質は**不可逆的に性質が変化する**ことがあります。生肉を焼くと焼肉になるのがその例です。焼肉をいくら冷やしても、決して元の生肉に戻ることはありません。これが不可逆的という意味であり、タンパク質のこの変化を**変性**といいます。

　生肉と焼肉のタンパク質を比べても、平面構造に変化はありません。つまり、ポリペプチド鎖を構成するアミノ酸の種類、個数、結合順序に変化はありません。**変化しているのは立体構造**なのです。タンパク質の立体構造はデリケートであり、外界の少しの変化で変性してしまいます。

　加熱は典型的な条件変化ですが、そのほかに溶液の酸性度（pH）変化、あるいはある種の薬品などによっても変性します。**ホルムアルデヒド**はそのような薬品の1つであり、タンパク質を硬化する働きがあります。生物実験室に置いてある、広口瓶に入ったヘビやカエルの標本を漬けてある液体はホルマリンであり、これはホルムアルデヒドの30％ほどの水溶液です。ホルムアルデヒドがシ

ックハウス症候群の原因になるのは、このような理由があるからでしょう。

アルコールもこのような薬品の1つです。マムシ酒やハブ酒は毒蛇をお酒に漬けたものですが、毒蛇の毒はタンパク毒といって、成分はタンパク質です。したがって、アルコールに漬けられることによって変性して、毒の効果がなくなってしまうのです。しかし、変性が完了するには時間が必要です。日の浅いヘビ酒では、毒成分は健在かもしれません。くれぐれも注意しましょう。

コラーゲンを食べれば美肌になる？

タンパク質にはいろいろな種類があります。ヘモグロビンや酵素もタンパク質の一種ですが、ほかにもいろいろあります。

まず、植物に含まれる**植物性タンパク質**と、動物に含まれる**動物性タンパク質**です。動物性タンパク質には酵素やヘモグロビン、あるいは血液中にあって物質を運搬するような**機能性タンパク質**と、体をつくる**構造タンパク質**があります。構造タンパク質では、毛や爪をつくる**ケラチン**や、腱や靱帯をつくる**コラーゲン**がよく知られています。コラーゲンは体をつくる重要タンパク質であり、動物の全タンパク質の $\frac{1}{3}$ はコラーゲンといわれています。ゼリーの原料であるゼラチンは100％コラーゲンといってよいでしょう。

ケラチンもコラーゲンも、分解されればすべて20種類のアミノ酸になります。ケラチンを含む毛や爪を食べて髪を増やそうという人はいませんね。コラーゲンも同じです。食べれば分解されてアミノ酸になるだけです。もう一度コラーゲンとして再生する確率は、ほかのタンパク質と同じ $\frac{1}{3}$ に過ぎません。

「微量物質」が生命を奏でる

　生命体が生きるには、生命体を維持管理するものが必要です。維持管理にはエネルギーが必要であり、それを得るためには食料と、それを消化分解する代謝の装置が必要です。そのために先に見た酵素が働いてくれます。

　そのほかに、各臓器の働きを円滑にし、臓器間の連絡をとる物質が必要になります。これは量的には微量でよいので**微量物質**といわれます。微量物質の中には、人間が自分でつくれるものとつくれないものがあります。人間が自分でつくれるものを**ホルモン**、つくれないものを**ビタミン**と呼びます。

多くても少なくてもダメなビタミン

　ビタミンには、**水溶性のものとしてビタミンB、C**、脂溶性のものとして**ビタミンA、D、E、K**があります。さらに、ビタミンBは「B群」とも呼ばれるように8種類ほどありますから、ビタミンの種類はかなりの数になります。

　ビタミンは、摂取量が少ないと特有の症状が出るので、不足することがないように注意しなければなりません。しかし、多すぎると今度は過剰症となります。特に脂溶性ビタミンは、過剰だからといって体外に排出するのは困難ですから、注意が必要です。

ホルモンは臓器間の連絡調整を行う

　ホルモンは特定の臓器が生産し、それが血流に乗って特定の臓器に到達して、その臓器の働きを制御する働きをします。各臓器が各臓器の働きをチェックし、調整し合うという、何やら「官

庁の伝達文書」のような働きをしています。

甲状腺が分泌する**甲状腺ホルモン**は、細胞の成長を統御する働きをしています。分子構造に特徴があり、ヨウ素原子Iを、1分子中に4個ももっています。

原子炉に事故が起こると発生するのが、ヨウ素の同位体である^{131}Iです。これは不安定な放射性同位体であり、β線を放出して、半減期8日で壊変（ほかの元素に変化すること）します。β線は有害で、がんなどの原因になります。人間がヨウ素を吸収すると、それは甲状腺に集まって甲状腺ホルモンになります。つまり、危険な放射性ヨウ素が甲状腺に集まってβ線を放射し、甲状腺がんの原因になるのです。

そこで考案された対処法が、危険な放射性ヨウ素を吸収する前に、普通の安全なヨウ素、^{127}Iを摂取して、甲状腺をそれで飽和させておこうというものです。そのため、原子力発電所の近くにある自治体ではヨウ素剤を大量に保管し、事故が起こったらただちに住民に配布するように準備したり、事前配布したりしています。恐ろしい話です。このようなものの世話にはなりたくないものです。

フェロモンは生体間の連絡調整を行う

ホルモンは1つの生体の中で、各臓器間の連絡調整を行います。一方で、微量物質の中には、生体間の連絡調整を行うものもあります。それが**フェロモン**です。動物や昆虫でフェロモンが働くことは実証されています。最初に発見されたフェロモンはカイコガのものであり、メスのカイコガが分泌するフェロモンは10^{-10}gで、100万匹のオスを狂乱させる働きがあるといいます。

人間にこのような物質が存在したら、社会は成り立たないでし

ょう。大学もオフィスも、勉強や仕事どころではなくなります。「人間にもフェロモンが働いている」とする説もありますが、実証はされていないようです。もし働いているなら、それを感知する器官はヤコブソン器官というものであり、人間にも鼻孔の中にその痕跡はあるものの、退化しているといわれます。

最近、エレベーターの中にきつい香水の匂いが残っていることがあります。どこかに狂乱させられた人がいるかもしれないので、注意が必要かもしれません。

100年愛される香りもある

香水は、液体や固体の香料をアルコールで溶かした溶液です。香水の香りは時間とともに変化します。香水をつけて10分くらいの香りをトップ・ノート、20〜30分ぐらいの香りをミドル・ノート、さらに時間が経って消えてしまうまでの香りをラスト・ノートといいます。香りの変化のしかたや早さは、濃度や商品、つける人の体温、あるいは場所によって異なります。

香料には一般に天然香料が用いられ、花や柑橘系などの植物系と、麝香（じゃこう、ムスク）や龍涎香（りゅうぜんこう、アンバー）などの動物系に分けることができます。

有名なシャネル「Nº5」は、それまでの天然香料100％の香水に、合成香料を混ぜることで「太陽の香」を創造したことで有名になりました。Nº5が発売されたのは1921年ですから、以来100年近くも世界中で愛用されていることになります。まさしく「名香水」ということなのでしょう。

第Ⅱ部

生命体を支配する炭素王国

第4章
人を救ってきた炭素王国の救世主「薬」

　人類が炭素王国の実力に感謝するのは病気や怪我で苦しんだときではないでしょうか？　薬は人類を救ってくれます。また、甘味や芳香、あるいはお酒は、人類に幸せな一時を与えてくれます。ここでは、そんな人類の救世主「薬」を見てみましょう。

命を救う自然の恩寵「天然医薬品」

　人類の歴史は「病気との戦い」ということもできるでしょう。この戦いで人類の大きな力になってくれたのが、炭素王国でした。炭素王国の「住民」の中で、人類に最も喜ばれているのは**医薬品**ではないでしょうか？

　病気で熱にうなされているとき、怪我で痛みに耐えているとき、その苦しみから救ってくれる一服の医薬品ほど、ありがたいものはありません。まさに神の恩寵です。

◎ ミイラが「万能薬」とされたこともあった

　人類は永い歴史を通じて、植物、動物、鉱物など、自然界に存在するあらゆるものから医薬品を探してきました。このような知識は個人的な経験から発して、口伝えで伝承されてきましたが、やがて文章、書物として残されることになりました。

　薬に関する最古の記述は中国のものです。紀元前2740年ごろに現れたとされる伝説の王、神農は、「自分の身で試しながら、薬となる植物を探した」とされています。それをまとめた書物が『神農本草経』です。この本はコピーを繰り返して、永く**漢方薬の原典**として伝えられてきました。

　同じような書物は古代エジプトでも編纂されています。紀元前1550年に書かれたパピルス文書には、700種類ほどの薬品が記載されているといいます。エジプトはミイラづくりが盛んでしたから、腐敗防止の観点からも医薬品の需要が高かったのでしょう。かつて、ミイラはエジプトの貴重な輸出品で、その一大お得意様が江戸時代の日本だったといいます。ミイラを輸入してどうしので

神農は伝説の人で、本当に存在したかどうかも定かではない。『神農本草経』は、多くの人々の知識を1冊にまとめた書物であろうといわれている

ヒポクラテス。医師の使命や倫理を記した「ヒポクラテスの誓い」はあまりにも有名

しょう？　なんと、砕いて粉末にして「万能薬」として用いたのだそうです。ミイラに浸み込んだ防腐剤が何かの薬効を現したのでしょうか。

　古代ギリシアでは、紀元前460年ごろに生まれた哲学者、ヒポクラテスが有名です。医学の父と称される彼は医薬品にも堪能であり、数百種類の医薬品の薬効をまとめたといわれます。

　10世紀ごろになるとイスラム文化が花開き、アラビアの医学、薬学が盛んになりました。これはルネサンスのころにヨーロッパに広がり、**博物学者**、**錬金術師**たちによって発展しました。これが現代の薬学、化学の基礎をつくったと考えられています。錬金術師というと、イカサマくさい感じがしますが、彼らが現代化学、科学の基礎に貢献した功績は、順当に評価してあげることが大切でしょう。

毒と薬は「さじ加減」

「医薬同源」といわれるように、すべての食物は医薬品と考えることもできます。自然界にはそれほど多くの天然医薬品があります。しかし、注意しなければならないのは、**多くの天然医薬品は同時に毒物でもある**ということです。

狂言の「附子」で有名な毒「ブス」は、トリカブトの毒です。トリカブトは紫の美しい花ですが、植物体全体に毒があります。特に強力なのは根であり、この根は塊茎で、小さな塊が発生することで増えます。そこから「子が附く」ということで「附子、ブス」と呼ばれたといいます。

アイヌがイヨマンテの祭りでクマを射るときに矢に塗る「矢毒」としても有名です。矢毒はいろいろな民族が固有のものを用いますが、民族を飢えから救う狩りに使う毒ですから、その民族の知る最強の毒を用います。北東アジア地域ではその毒がブスなのです。

ところが、漢方薬ではブスは強心剤として用いられるのです。もちろん、たくさん飲んだら命を落とします。医者の指導に従って、極少量だけ服用すると薬効が出るのです。まさしく「毒と薬はさじ加減」です。用いる量が大切なのです。

現代薬学でも天然物がもつ毒の薬効は注目されています。強力な毒物ほど、強力な薬効を現す可能性があります。すでに多くの天然物が調査されていますが、最近注目されているのが**イモガイ**です。これはタカラガイの一種なのですが、強力な毒をもちます。イモガイの毒は一般に**コノトキシン**と呼ばれ、多くの変種があり、その全貌はいまだわかっていないようです。明らかになった毒の中には、モルヒネの1000倍もの鎮痛効果をもつものもあり、これは医薬品として認可されています。今後の研究が待たれます。

⬡ チャーチルも救った抗生物質

　現代の天然医薬品の筆頭に挙げなければならないのは**抗生物質**でしょう。抗生物質というのは「微生物が分泌してほかの微生物の生存を阻害する物質」というような意味です。

　抗生物質には多くの種類がありますが、有名なのはフレミングによって1928年にアオカビから発見されたペニシリンでしょう。ペニシリンは第二次世界大戦末期、肺炎に倒れた英国首相チャーチルを救ったという伝説とともに世界中に広がりました。

　その後、世界中の菌を相手に抗生物質を発見する研究が行われ、ストレプトマイシン、カナマイシンなど多くの種類の抗生物質が発見されました。しかし、中には副作用をもつものもあり、結核治療の特効薬とされたストレプトマイシンによって聴覚障害を受けた人もいます。

　抗生物質の最大の問題は**耐性菌**の出現でしょう。耐性菌というのは、その薬に対して耐性をもち、薬が効かなくなった菌です。こうなると、その抗生物質は薬としての効果を失うことになります。耐性菌をつくらないためには、抗生物質の多用、大量使用を避けることです。化学的には、抗生物質の分子構造の一部を変化させることも行われます。こうすると、耐性菌は新しい抗生物質と勘違い（？）してヤラレてくれるというのです。割と素直なのかもしれません。

人類の英知が生んだ「合成医薬品」

　天然に存在するものではなく、人為的に化学合成によってつくられた医薬品を**合成医薬品**といいます。天然医薬品を主とした東洋医学に対して、合成医薬品は西洋医学を象徴するものとされます。私たちが日常的に用いる多くの医薬品は合成医薬品であり、たくさんの種類がありますが、ここでは**アスピリン**を見てみましょう。

◎120年の歴史を誇る解熱鎮痛剤アスピリン

　アスピリンは解熱鎮痛剤で、1899年にドイツのバイエルン社が開発・発売した薬剤ですから、120年ほどの歴史を誇ります。しかし、古くさくなったどころではなく、米国一国で現在も年間1万6千トンも消費されているといいます。まさしくアスピリン天国です。

　アスピリンは合成医薬品とはいうものの、天然医薬品の模倣によってつくられました。江戸時代の人は、虫歯が痛むと**柳**の小枝を噛みました。鎮痛効果があったのでしょう。また、柳の小枝の根元を砕いて房状にしたものを歯ブラシに用いました。

　柳の薬効を重用したのは日本人だけではありません。ギリシアのヒポクラテスも柳の薬効について記述しています。また、観音様のうち、薬師観音と呼ばれるお方は、片手に柳の小枝をもっています。

　19世紀のフランスでは、柳の薬効についての化学的研究が行われました。その結果、薬効成分として**サリシン**という有機化合物が発見されました。

🔷 サリチル酸 + 酢酸がアスピリン

サリシンは天然物によくある、中心分子に糖が結合した**配糖体**と呼ばれるもので、大変苦く、飲み込むのが困難でした。そこで糖を外す反応をさせたところ、中心分子が酸化されて、**サリチル酸**という物質が得られました。

サリチル酸を臨床試験したところ、サリシンと同じように解熱鎮痛作用のあることがわかりました。しかし、重大な欠点が見つかりました。それは、この物質は酸性が強く、飲むと胃に穴が空く（胃穿孔）ということでした。これでは、熱は下がっても命がなくなります。そこで、サリチル酸に酢酸CH_3COOHを作用させて、ヒドロキシ基のOH部分をブロックしたのです。

この**アセチルサリチル酸**はアスピリンの商品名で市販されまし

● アスピリン（アセチルサリチル酸）の同族薬

サリシン → サリチル酸

サリチル酸 + $CH_3-\underset{\underset{OH}{\|}}{C}=O$ → アスピリン（アセチルサリチル酸）

サリチル酸 + CH_3OH → サリチル酸メチル

サリチル酸 ⇢ パス（パラアミノサリチル酸）

アスピリンは、改良が繰り返されてできあがった解熱鎮痛剤だ。パスはサリチル酸の誘導体ではあるが、サリチル酸から直接得ることはできない

た。合成医薬品がほとんどなかった20世紀初頭、アスピリンの効果は目を見張るものがあったのでしょう。飛ぶように売れました。

亡国病「肺結核」の克服

江戸の昔に労咳の名前で呼ばれた**肺結核**は、不治の病と恐れられました。罹患した人は栄養のあるものを食べて体力をつけ、自然治癒を待ちました。しかし、貧しい人はなすすべもなく死を待つだけという悲惨さでした。

この状態は20世紀に入っても変わりませんでした。宮澤賢治の岩手の実家は裕福でしたが、「結核患者を輩出する家系」として地元で知られていました。結核は決して遺伝性の病気ではありませんが、伝染病ですから、家族に患者がいると、ほかの家族も罹患してしまうのです。そのため村人は、賢治の家の前を通るときは鼻をつまんで走って通ったといいます。

そんな中にあって、賢治の妹のトシは24歳の若さで結核により亡くなりました。その悲しみを賢治は「永訣の朝」という詩につづっています。死に瀕してトシは賢治に頼みます。

あめゆじゆとてちてけんじや
（雨雪 取ってきてちょうだいな）

死ぬといふいまごろになつて
（死ぬという今ごろになって）

わたくしをいつしやうあかるくするために
（私を一生明るくするために）

こんなさつぱりした雪のひとわんを
（こんなさっぱりした雪の一椀を）

おまへはわたくしにたのんだのだ
（おまえは私に頼んだのだ）

ありがたうわたくしのけなげなもうとよ
（ありがとう。私のけなげな妹よ）

日本中でこのような別れがあったのでしょう。

このような状態を救ったのが、抗生物質の**ストレプトマイシン**と合成医薬品の**パス**でした。パスは化学名をパラアミノサリチル酸といい、サリチル酸にアミノ基NH_2を導入したものです（**85ページの図**を参照）。パスが発売されたのは戦後間もない1945年でした。多くの患者がパスのおかげで社会復帰しました。このような人たちの働きもあって、戦後の日本経済は奇跡の復活をなしとげることができたのです。

サリチル酸の「系譜」

サリチル酸からつくられた医薬品はアスピリンとパスだけではありません。サリチル酸にメタノールCH_3OHを作用させた**サリチル酸メチル**は筋肉消炎剤として有名です（**85ページの図**を参照）。

また、サリチル酸そのものも役立ちます。サリチル酸には防腐作用があるので、食品を除くものに防腐剤として混入されることがあります。また、皮膚を軟化させる働きがあるので、イボ取り薬として用いられます。皮膚の角質を軟化させる作用と防腐効果を狙って、化粧品にも用いられているようです。

このように、「**サリチル酸一家**」ともいうべき化合物群は、私たちの生活に深く浸透しているのです。

人類の友「カフェイン」「アルコール」

お茶、コーヒー、お酒などは、日常生活を和ませてくれる憩いのひとときに欠かせないものです。これらの飲み物には、ほかの飲み物に含まれない特殊な有機化合物、カフェインあるいはアルコールが含まれています。

中国から伝わった「お茶」

中国から日本にお茶が紹介されたのは東山文化のころで、当時愛用されたのは碾茶(てんちゃ)といわれるものでした。

▶ お茶の歴史は奈良時代から

お茶は、遠く奈良時代に遣唐使などによって紹介されたといいます。当時、お茶は非常に貴重で、僧侶や貴族階級などの限られた人々だけが口にするものでした。このころのお茶は**団茶**あるいは**餅茶**(へいちゃ)と呼ばれ、蒸した茶葉を臼(うす)で突き、乾燥して固めたものでした。飲むときには団茶を火であぶり、砕いて粉にし、熱湯に入れて煮るというもので、塩や葱(ねぎ)、ハッカなどを混ぜていたといいますから、現在のお茶とはかなり違うようです。

鎌倉時代になると、臨済宗の開祖である栄西(えいさい)が宋に渡って禅宗を学び、禅院で飲茶が盛んに行われているのを目にしました。帰国後の1214年、栄西は、深酒の癖のある将軍・源実朝に、良薬として茶を献上したといいます。

このころのお茶は、前述の碾茶といわれるものです。現代の**煎茶**(せんちゃ)は、お茶の葉を蒸した後、手でもんでから乾燥させますが、碾茶はもみません。蒸した葉を手で丸めたりして、固めてから乾燥させたものです。飲むときには適当に削るとか崩すとかして湯で

せんじ、「茶せん」で泡立ててから飲んだといいますから、現代の抹茶に近づいています。

▶ さまざまに分化した日本のお茶

日本のお茶は、飲み物としての立場のほかに、文化の担い手としての立場もあるという、非常に特殊な飲み物です。

最初、僧侶や貴族の特権的な飲み物として伝来したお茶は、鎌倉時代になると禅宗寺院に広がるとともに、社交の道具として武士階級にも浸透していきました。さらに南北朝時代になると、茶を飲み比べ、産地を当てる**闘茶**が行われました。ときの将軍、足利義満はお茶を好み、特別の庇護を与え、これは豊臣秀吉にも受け継がれていくことになります。

特筆すべきは、15世紀後半に現れた村田珠光でしょう。彼はそれまで享楽の道具とされていたお茶の精神を改革し、**侘茶**を創出しました。これを受け継いだのが武野紹鴎、千利休であり、彼らによって現代につながる**茶の湯**が完成したのです。しかし、茶の湯の確立に貢献した人の中には、武将らしい豪放な大名茶を推進した古田織部のような型破りの人もおり、家元制度を敷く現代のような茶道になったのは、関係者の意思が強く働いたせいでしょう。

▶ 眠気覚ましとして流行した紅茶

お茶が文化に影響したのは中国や日本だけではありません。英国でもお茶の文化が花開きました。ただし、英国で愛用されたお茶は、摘んだ茶葉をもんで発酵させた**紅茶**です。「緑茶を英国に運ぶ航海上で、緑茶が発酵して紅茶になった」といわれることもありますが、一度蒸した緑茶では酵素は働かず、発酵はしません。

紅茶は英国の上流階級では**社交の道具**として、庶民階級では**眠気覚ましの道具**などとして流行したようです。紅茶を飲むため

の道具として発達したティーカップ、ティーポット、シュガーポット、ミルクポットはロイヤルダルトン、ヘレンド、マイセンなどのヨーロッパの名窯(めいよう)を育て、現在の美しい陶磁器文明の礎をつくったといってもよいでしょう。

▶「カフェイン」がもたらす効用

　緑茶、紅茶、コーヒー、コーラなどには**カフェイン**が含まれています。カフェインは脳内の中枢神経に作用する物質で、覚せい作用があり、人を興奮させます。それだけにカフェインには健康によい面もありますが、過剰に摂取した場合には害も現れます。

　よい面としては、眠気を覚まし作業効率を上げてくれますし、血液の流れをよくして疲労回復にも役立ちます。また、カフェインには血管収縮作用があるので、頭痛の緩和にも役立ちます。市販の頭痛薬や鎮痛薬にも配合されています。

　一方、有害な面としては、胃液の分泌を促す作用があるため、胃を荒らすことがあります。空腹時に飲むのは避けたほうがよいでしょう。また、カフェインには鉄分や亜鉛などミネラルの吸収を阻害する性質があります。貧血に悩む方はとりすぎに注意しましょう。カフェインは興奮剤の一種ですから、飲むと眠りにつきにくく、睡眠の質が低下することがあります。さらに、弱いですが依存性もあり、無理にやめようとすると離脱症状(禁断症状)が現れることもあるといいます。

◎ お酒には必ず入っている「アルコール」

　日本酒、ビール、ワイン、マオタイ酒……お酒と呼ばれるものには必ず**エタノール** CH_3CH_2OH が入っています。一般に**アルコール**ともいいます。エタノールの含有量は体積%(溶質体積/溶液体積)で表し、「度」として表現されます。日本酒15度(15%)、ウ

イスキー45度（45％）などです。

　お酒はほどほどに飲めば健康にもよいのでしょうが、飲み過ぎると二日酔いになり、アルコール中毒や肝硬変になったりと、困った連鎖にはまり込んでしまいます。炭素王国は困ったものを派遣してくれたものだと思っている方もおられるかもしれません。

▶二日酔いはアセトアルデヒドが引き起こす

　気持ちよく飲むお酒も、度を越すと翌朝ひどい目にあいます。**二日酔い**です。二日酔いはどうして起こるのでしょうか？

　お酒を飲んでエタノールが体内に入ると、**酸化酵素**によって酸化されて**アセトアルデヒド**になります。アセトアルデヒドはさらに酸化されて**酢酸**になり、最終的には二酸化炭素と水になって排出されます。問題はアセトアルデヒドです。これが有害物質で、二日酔いの原因になるのです。

　二日酔いを防ぐには、生じたアセトアルデヒドをただちに酸化して酢酸にしてしまえばよいのです。そのためには酸化酵素が必要です。ところがこの酵素の量は遺伝によって決まります。両親が下戸の人は多分、酸化酵素が少ないでしょう。このような方は無理に飲まないほうが賢明、ということになります。

▶メタノールの毒性

　メタノール（メチルアルコール）CH_3OH の分子構造はエタノールに似ています。味もエタノールに似ており、飲むとエタノール同様に酔うといいます。

　エタノールには高い酒税が掛かりますが、メタノールは飲用ではないので酒税は掛かりません。そのため、日本ではありませんが、よからぬ者は、合成酒にエタノールでなく、メタノールを入れることがあるようです。たまに新聞の片隅に「インドでメタノール中毒が起こり、10人単位の死者が出た」などというニュースが

載ります。同じような事件は終戦直後の日本でも起こり、「メチルを飲むと目がつぶれて死ぬ」などといわれたものです。でも、なぜ目がつぶれて死ぬのでしょうか？　ここには人体の仕組みの一端が現れています。

　メタノールを飲むと、エタノールの場合とまったく同様に酸化されます。メタノールの場合は**ホルムアルデヒド**になり、さらに酸化されて**ギ酸**になり、最終的に二酸化炭素と水になります。このホルムアルデヒドとギ酸が**猛毒**なのです。ホルムアルデヒドは**シックハウス症候群の原因物質**としても有名です。そのため、二日酔いで済まずに命を落としてしまうのです。

　それでは「命を落とす前に目がつぶれる」のはなぜでしょう？　それは次のような理由です。目の細胞には**レチナール**という一種のアルデヒドが入っています。この分子に光が当たると分子の形が変化し、その変化を視神経が感じ取って、光が入ったことを脳に伝えるのです。

　レチナールは有色野菜に含まれる**カロテン**からつくられます。カロテンが体内で「酸化」されると、アルコールの一種のビタミンAとなり、それがさらに「酸化」されてレチナールになるのです。つまり、視覚のためには酸化酵素が必要なのです。

　そのため、眼の周囲には酸化酵素が多くあります。体内に入ったメタノールは血流に乗って体内を移動します。そして、酸化酵素の多い目の周囲に来たときに酸化されて、猛毒のホルムアルデヒドになり、眼に重篤な被害を与えるのです。

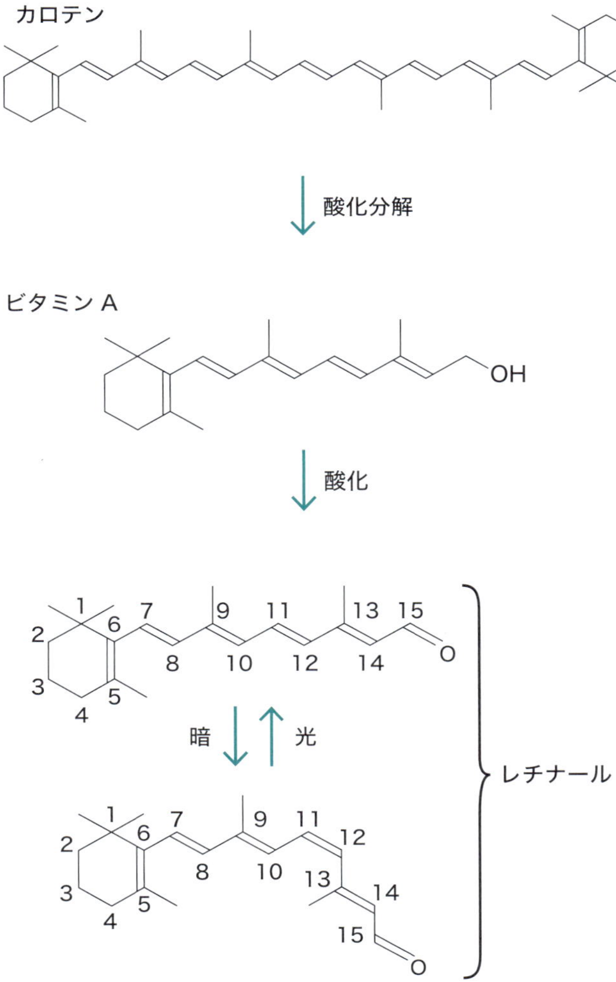

カロテン

↓ 酸化分解

ビタミン A

↓ 酸化

レチナール

暗 ↓ ↑ 光

カロテンが酸化分解されるとビタミンAになり、さらに酸化するとレチナールになる。目の細胞のレチナールに光が当たると分子の形が変形する。この変化を視神経が感じて、脳が光を認識する。そのため目の周囲には酸化酵素が多く、メタノールが目の周囲に到達したとき、猛毒のホルムアルデヒドとなり、重篤な被害を与える

第Ⅱ部 生命体を支配する炭素王国

第4章 人を救ってきた炭素王国の救世主「薬」

香りや匂いの正体は有機化合物

　バラの香り、ニンニクの匂い、何が香りで何が匂いかはともかく、香りや匂いは私たちの想像力まで刺激して魅惑的です。それでは、香りや匂いの原因は何でしょう？　もちろん**分子**です。それも、その多くは**有機化合物**です。

◎ 人の嗅覚は高性能センサー

　人間の五感、それは**視覚**、**聴覚**、**嗅覚**、**味覚**、**触覚**です。このうち、似ているのは嗅覚と味覚です。それは両者とも**人間の感覚器と分子の結合によって生じる化学反応を起源としている**からです。味覚は「味分子と舌にある味細胞の反応」、嗅覚は「匂い分子と鼻にある嗅覚細胞の反応」によります。

　味覚と嗅覚の違いは、その感覚を引き起こすのに要する分子の個数です。匂いは味に比べて圧倒的に少数の分子で感覚器を興奮させることができます。この違いは、分子の違いにあるのではなく、感覚器の感度や精度によるものでしょう。原始時代の昔、害獣の接近を知るのは聴覚と嗅覚でした。少ない分子を鋭敏に感じ取る、それが嗅覚の使命だったのでしょう。

　第5章で登場する麻薬の使用にはいくつかの方法があります。
　①溶液にして胃を経由する**服用**
　②血管に直接入れる**注射**
　③気体にして鼻で吸う**吸引**

　このうち、最も効果的なのは**吸引**といいます。その理由の1つは、鼻の位置が、脳で中心的な役割を演じる**海馬領域に近い**からといわれます。

◎ いまだ謎が多い「香料の化学」

　香料の種類はとても多く、その構造も多様です。「どのような分子構造なら、どのような香りがするのか？」というのは、化学者なら興味をもつ課題ですが、まだ、まったくといってよいほどわかっていません。

　ほとんど同じ分子が、匂いを生じたり生じなかったり、まったく無関係な分子が同じ匂いを生じたり、というようなことはいくらでもあります。下図に示した8個の分子はそれぞれ異なる分子ですが、違いがわかるでしょうか？

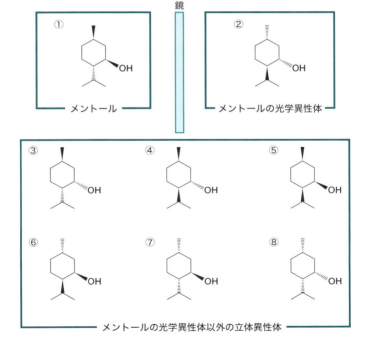

これらは、2-4で見た不斉炭素による立体異性体です。このうち、①だけがハッカ、メントールの匂い分子なのです。分子構造のわずかな違いが匂いに影響する例です。

　オスのジャコウジカが発する麝香の香は最もよい香りの1つとされますが、その匂い分子、ムスコンの分子構造は下図のように単純極まりないものです。簡単にいえば、15個の炭素でできた環状化合物に、酸素Oとメチル基CH_3がついただけです。いろいろな類似体を合成して匂いを嗅いだところ、麝香臭はメチル基CH_3のないもののほうが強いそうです。また、環の大きさを変化させたところ、15員環（$n = 12$）が最も強かったそうです。これは、「似た構造の分子は、似た匂いをもつ」という例になるのでしょう。

　ところが、次ページの図のような分子Xが麝香臭をもつということになると、問題です。ムスコンと分子Xの間には化学的に何の脈絡もありません。ところが匂いは同じだというのです。また、「濡れ衣」かもしれませんが、ベンゼン環とニトロ基NO_2をもった分子Xは、発がん物質を疑わせます。

●ムスコンの分子構造

●環の大きさによる匂いの強さの違い

n	10	11	12	13	14	15
匂い	弱	弱	最強	強	弱	弱

● 分子 X

ムスコンを吸って桃源郷をさまようのは結構だろうが、分子Xを吸って桃源郷に迷い込んだのでは、足を踏み外して奈落の底、ということになりそうな気もする

あまたある「調味料の化学」

味には甘味、酸味、塩味、苦味の4種があるといわれていました。これに**うま味**を加えて5種にしたのは、味覚に長けた日本人の功績といってよいでしょう。

うま味を生じる中心分子は、昆布に含まれるアミノ酸である**グルタミン酸**とされ、それは「味の素」の商品名で世界的に有名になりました。しかしその後、鰹節の**イノシン酸**や、貝に含まれる**コハク酸**などもうま味の原因になるとされ、近年は油脂の味もうま味に加えるべきだとの説も出ているようです。

▶日本が誇るさまざまな発酵調味料

あらゆる国に特有の調味料がありますが、日本が誇るのは**発酵**によって作成した**発酵調味料**です。醤油、酢、味噌、味醂、すべて発酵によってつくります。隠し味に使うお酒も発酵です。発酵によらない調味料は砂糖くらいでしょう。「味の素」だって最近は発酵によってつくっています。

いうまでもなく、発酵は**微生物による化学反応**です。微生物が生産する酵素によって食品が分解、反応し、新たな化学物質に変化するのが発酵です。この際、有害な物質を発生することもありますが、これは**腐敗**として区別します。

有益な発酵は、主にアルコールを発生する**酵母**、乳酸を発生する**乳酸菌**などによるものです。乳酸菌は乳酸を発生し、その酸によって有害な微生物が死滅するという利点もあります。日本酒の製造にも、酵母のほかに乳酸菌を用いています。「山廃仕込み」などというのは乳酸菌を使った酒類を表す言葉です。

▶「辛み」の尺度は「スコヴィル値」で計る

　四川料理の辛み、寿司のワサビの香りなど、料理に辛みは欠かせません。ところが、辛みは味覚の一種とは考えられていません。辛みは味覚ではなく、痛覚なのだそうです。いわれてみればわかるような気もします。

　辛みを表す尺度に**スコヴィル値**というものがあります。いくつかの辛み物質の値を**表**に示します。数値が大きいほど辛いことを意味します。

　日本人は唐辛子もワサビも同じように「辛い」と表現しますが、

辛み物質	主な生産地	スコヴィル値
キャロライナ・リーパー	インドネシア	3,000,000
ブート・ジョロキア	バングラデシュ、インド	1,000,000
ハバネロ	メキシコ	100,000〜350,000
島唐辛子	日本（沖縄）	50,000〜100,000
タカノツメ	日本	40,000〜50,000
タバスコ	メキシコ、米国	30,000〜50,000

わが日本のタカノツメは5万。辛いことで知られるハバネロは35万と、タカノツメの7倍。最も辛いのは300万。日本は辛みでも奥ゆかしいのかもしれない

外国人の中には、ワサビは辛みとは違ったほかの感覚だと主張する人もいます。これもわかるような気がします。唐辛子の舌に来る「辛み」と、ワサビの鼻に抜ける「辛み」は違うものかもしれません。感覚を科学するのはなかなか難しいですね。

ワサビの香り成分である分子は揮発性が高いため、長期間保存する練りワサビでは、香が抜けてしまいます。そこで**超分子化学**が応用されました。超分子というのは**第8章**でご紹介しますが、分子が集まってつくられた高次構造体です。分子を超える分子ということで、超分子と名付けられました。

もっとも、簡単な超分子では2個の分子が集まるので、わかりやすくいえば、ホストさんとゲストさんの関係です。だから**ホスト・ゲスト分子**ともいいます。

ワサビの場合には、ワサビの香分子がもてなされる側のゲストです。もてなす側は、お風呂（バスタブ、風呂桶）のような分子、シクロデキストリンです。香分子はこのバスタブの中にどっぷりと浸かって、外界に雄飛する意欲（？）を失ってしまっているのです。

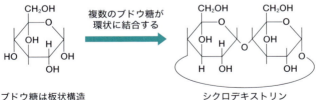

シクロデキストリンは板が環を形成し、桶のような構造となる

▶ 人は甘味を求め続けてきた

　平安の昔、清少納言は『枕草子』の中で、すばらしいものは「金属製の容器に削り氷を入れてアマヅラを掛けたもの」といっています。アマヅラは蔓(つる)の出す甘い樹液です。つまり、現代のかき氷です。当時としては夢のようなぜいたく品だったことでしょう。

　いつの時代でも人間は甘いものを好みます。現代では「甘味＝砂糖」と思いますが、砂糖のない時代、甘味はどのようにして確保していたのでしょうか？　心配することはありません。甘いのは砂糖だけではありません。アマヅラ、はちみつ、果実、干し柿、飴……いくらでもあります。

　現代ではこのような天然甘味料に加えて、**合成甘味料**がたくさん出回っています。合成甘味料の典型は、1878年に開発された**サッカリン**でしょう。サッカリンは砂糖の数百倍も甘いことから、甘いものに飢えた第一次世界大戦中のヨーロッパで一躍有名になりました。続いて現れたのが**ズルチン**(砂糖の250倍)、**チクロ**(砂糖の50倍)でした。ところがその後、これら合成甘味料の毒性が問題になり、ズルチンは使用禁止になりました。

　合成甘味料の研究はその後大きく進歩し、現在では**アスパルテーム**(200倍)、**アセスルファムK**(250倍)、**スクラロース**(600倍)など目白押し状態です。

　それでは、現在知られている物質の中で最も甘いものは何でしょう？　それは**ラグドゥネーム**です。多分、ご存じの方はいないでしょう。まだ実用化されていませんから。それにしても、この甘さは半端ありません。なんと砂糖の30万倍(！)といいます。そのうち、「このような物質で味付けされた飲料水が自動販売機に並ぶのかな？」と思うと、炭素王国も「少しやり過ぎなのでは？」と思ってしまいます。

● 代表的な合成甘味料の構造式

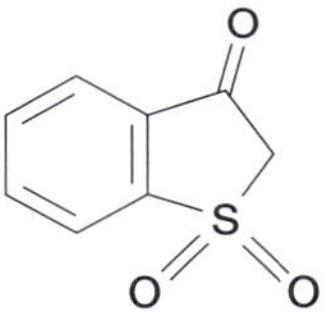

サッカリン

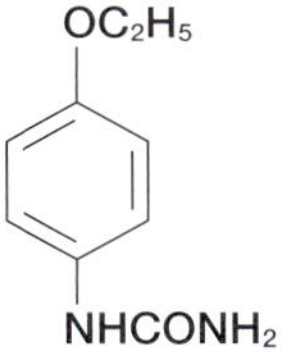

ズルチン

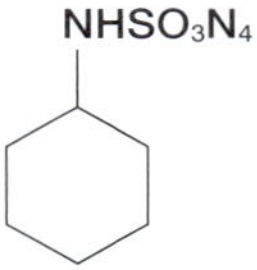

チクロ

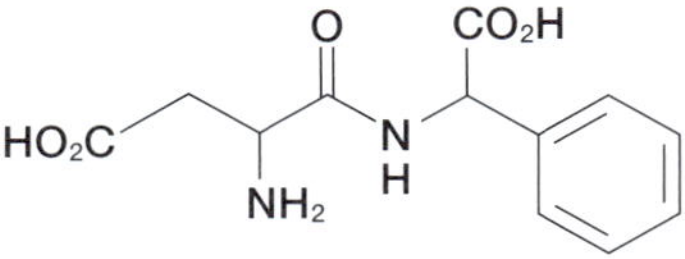

アスパルテーム

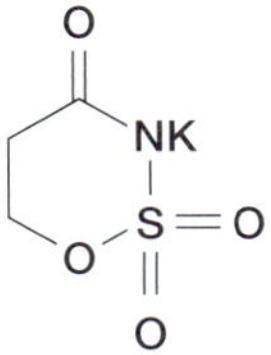

アセスルファム K

ダイエット志向の現代では、カロリーの高い天然甘味料より、低カロリーで甘味の強い合成甘味料が好まれる傾向にある

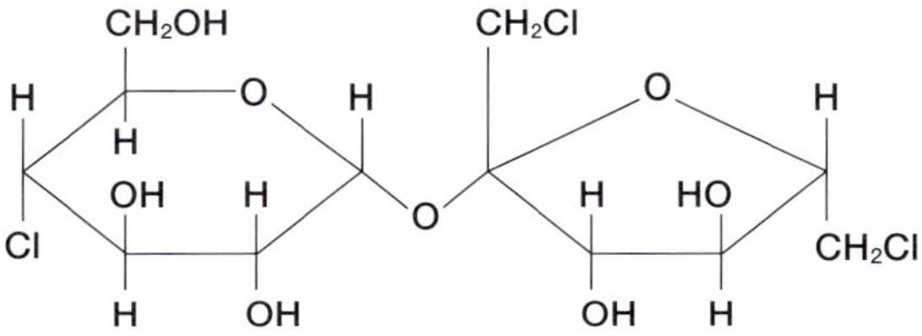

スクラロース

砂糖の600倍の甘さをもつ

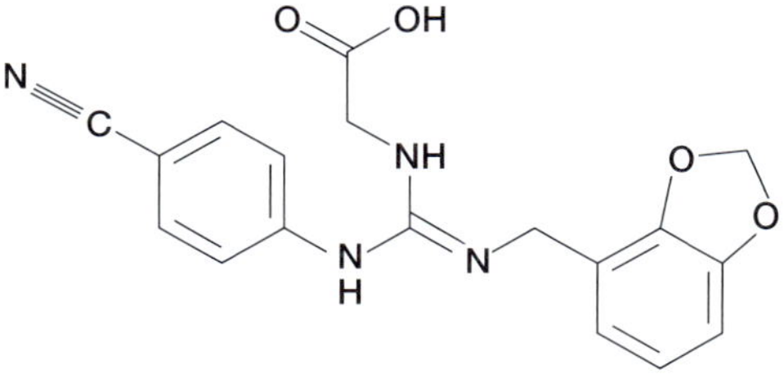

ラグドゥネーム

砂糖の30万倍の甘さをもつ。ただし毒性はまだ不明で、実用化されていない

第Ⅱ部

生命体を
支配する
炭素王国

第5章
人を苦しめてきた炭素王国の死神「毒」

炭素の王国には恐ろしい住人もいます。それは毒物です。毒物は植物、動物、鉱物、すべてに存在します。楽しい食卓の食物にも毒を含むものがあります。人類は長い歴史の中で毒物を避け、無毒化する方法を身に付けてきたのです。

命を奪う「毒」の基礎知識

　炭素王国の中には人の命を奪うものもあります。毒物です。命を助けてくれた医薬品の反対です。毒物は恐ろしいものですが、先に見たように、使いようによっては重要な医薬品にもなります。毒は人の心を映して人類に、常に影のように寄り沿ってきたのです。毒物が恐ろしいのは、毒物そのものではなく、それを使う人間の心が恐ろしいからではないでしょうか？

◎ 少量でも人に害を与えるのが毒

　人の健康を害し、命を縮めるものを**毒物**といいます。食物が毒であるはずはありませんが、それでは「まったく無害か？」といわれれば、そうとばかりもいい切れません。

　どのような食物も、過剰にとれば健康を害します。砂糖だってとりすぎれば糖尿病になって命を縮めます。2007年に米国で水飲みコンクールが行われ、準優勝した女性が帰宅後に亡くなりました。水中毒でした。細胞のイオンバランスが崩れたり、浸透圧が異常になったりしたのでしょう。

　しかし、砂糖や水を「毒」という人はいません。ギリシアの格言に「量が毒を成す」というものがあります。どのようなものでも大量にとれば害になります。つまり、毒は少量で人の命を失わせるものをいいます。その一般的な目安を表に示しました。

◎ 検体の半数が死ぬ「半数致死量 LD₅₀」

　これだけの量を摂取すれば命を落とす、という量を**致死量**（LD：Lethal Dose）といいます。致死量にはいろいろな種類があります

● 人に対する経口致死量(体重1kgあたり)

無毒	15gより多量
僅少	5〜15g
比較的強力	0.5〜5g
非常に強力	50〜500mg
猛毒	5〜50mg
超猛毒	5mgより少量

「15gより多量」が「無毒」とあるように、どんなものでもとりすぎれば毒になる

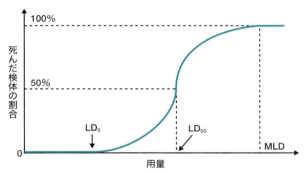

このグラフはS字カーブ(シグモイドカーブ)になる。MLDは最小致死量(Minimum Lethal Dose)

が、正確なのは**半数致死量LD_{50}**です。

これは次のようにして測定します。マウスなどの検体100匹に毒物を少量ずつ与えて、徐々に量を増やしていきます。量が少ない間は死ぬ検体はいませんが、ある程度の量になると死ぬ検体が現れます。そして、ある量になると半数の検体が死にます。この半数の検体が死んだときの服用量をLD_{50}といいます(上図参照)。量は検体の体重1kgあたりで表します。ですから体重70kgの人なら、その量を70倍する必要があります。

ただしこれは、マウスなど、人以外の検体に対しての量ですし、毒に対する感度は動物によって異なりますから、あくまでも参考値に過ぎません。**次の表は、毒を強い順に並べた、毒のランキング表です。**次項でくわしく解説します。

● 毒のランキング表

順位	毒の名前	半数致死量 $LD_{50}(\mu g/kg)$	由来
1	ボツリヌストキシン	0.0003	微生物
2	破傷風トキシン（テタヌストキシン）	0.002	微生物
3	リシン	0.1	植物（トウゴマ）
4	パリトキシン	0.5	微生物、魚
5	テトロドトキシン	10	動物（フグ）/微生物
6	VX	15	化学合成
7	ダイオキシン	22	化学合成
8	アコニチン	120	植物（トリカブト）
9	サリン	420	化学合成
10	コブラ毒	500	動物（コブラ）
11	ニコチン	7,000	植物（タバコ）
12	青酸カリ（KCN）	10,000	化学合成

（単位の換算）1000μg＝1mg　1000mg＝1g
船山信次/著『図解雑学　毒の化学』（ナツメ社、2003年）を改変

炭素王国の「暗殺者」

　私たちの身の回りには驚くほど多くの種類の毒物が存在します。その中にはヒ素As、タリウムTl、カドミウムCdなどのように、炭素Cを含まないものもあります。

　しかし、圧倒的に多数の毒は炭素を含む、つまり炭素王国の住人なのです。**炭素王国の毒物は、なにげない顔でなにげないところに潜んでいる**のです。

　私たちは無意識のうちにその毒を避けて生活しています。しかし、思わぬときに毒の危険に身をさらすことがあります。主な毒を見てみましょう。

◯ 細菌の毒〜ボツリヌストキシン、テタヌストキシン……

　毒のランキング表でダントツに強力な2つの毒、**ボツリヌストキシンとテタヌストキシン（破傷風トキシン）**は、両方とも微生物（細菌）の出す毒です。「トキシン」は生物の出す毒のことをいいます。

　ボツリヌストキシンは、ボツリヌス中毒を起こすボツリヌス菌の出す毒です。ボツリヌス菌は酸素を嫌う**嫌気菌**なので、缶詰や漬物などで繁殖します。

　1984年、熊本県の企業でつくられた真空包装の辛子レンコンでボツリヌス中毒が発生して、全国で36人の患者が確認され、11人が亡くなるという事件が起きました。

　ボツリヌストキシンは神経毒であり、筋肉を弛緩させます。そのため、目じりのシワをとる美容治療に使うなど、細菌も驚く（？）ような使い方もされています。

🜲 身近にある「植物の毒」

毒を含む植物はたくさんあります。猛毒の**アコニチン**を含む**トリカブト**は毒草としてあまりにも有名ですが、生け花の材料、あるいは園芸植物として市販される植物の中にも有毒なものはたくさんあります。

▶ スイセン、スズラン、タバコの毒とは？

スイセンの葉をニラと間違えて食べる事故は毎年のように起こっています。そして最近、スズランの根を「ギョウジャニンニクと間違えて食べる」という事故が起きました。園芸用の植物の中には有毒なものが混じっています。植物に添えられた注意書きをよく読むことが大切です。

スズランの毒は強力で、特に心臓に効きます。スズランを生けた生け花の水を誤って飲んだ子供が命を落とした事故もあります。スズランの花束の匂いをかぐ、というのはロマンチックに見えますが、場合によっては命がけのパフォーマンスになります。

ランキング表を見ると、青酸カリ（シアン化カリウム）KCN の上に**ニコチン**があります。つまり、サスペンスドラマなどで有名な青酸カリより、タバコのニコチンのほうが強力な毒なのです。昔は「紙巻きタバコ3本で大人を殺せる」といわれたそうです。毒物とはいえませんが、タバコに含まれるタールには発がん性があります。喫煙はいろいろな意味で要注意です。

▶ 「リシン」は最強の植物毒

ランキング表の3位は**リシン**です。リシンは美しい花をつける**トウゴマ**という植物の種子から採れる毒であり、**植物毒の中で最強**といわれます。タンパク質の毒ですが、この毒1分子で細胞1個を殺すといわれるほど強力です。

トウゴマの種は**ヒマシ油**の原料であり、ヒマシ油は工業用、医

療用として大量に使用されます。そのため、毎年100万トンもの種子が生産されるといいます。したがって、その搾りかすから莫大な量のリシンが採れそうですが、ヒマシ油を搾油するときには種子を焙煎します。リシンはタンパク質なので、この熱で変性して無毒になるとされています。しかし、妊娠中の女性はヒマシ油を避けるべきともいわれています。

▶実は「ワラビ」には毒があった！

山菜の**ワラビ**はおいしいですが、発がん性の毒物**プタキロサイト**を含みます。これは一過性の毒性もあり、放牧の牛が食べると血尿をして倒れるといいます。

しかし、私たちがワラビを食べても何事も起こりません。それは**アクヌキ**をするからです。アクヌキというのは、灰を溶かした灰汁や重曹水などでゆでる操作です。灰汁や重曹水はアルカリ性です。そのため、プタキロサイトが加水分解されて無毒になるのです。先人の知恵、侮るなかれというところです。

▶街路樹の「キョウチクトウ」は猛毒！

街路樹に使われる**キョウチクトウ**も猛毒です。花から根まで毒があり、根の周りの土壌にまで毒が回るといいますから、そのシツコサに呆れます。そればかりではありません。枝切りした枝を燃やすと、その煙まで有毒です。枝をバーベキューの串に用いて起こった事故もあります。このような植物を街路樹に用いるのは問題ではないでしょうか？

▶悲しい逸話をもつ「ヒガンバナ」

秋になると**ヒガンバナ**の赤が野を埋めます。ヒガンバナの根には毒があります。しかし、ヒガンバナは根茎によって増殖するので、人が植えなければ増えません。このような毒草を植えて増やすのはなぜでしょう？　理由は2つあります。

1つは地中の動物、モグラなどを寄せつけないためです。モグラは田んぼの畔（あぜ）に穴を空けて水を流し去り、稲に害を与えます。それを防ぐため、田んぼに植えたのです。また、ヒガンバナが墓地に多いのにも理由があります。昔は土葬でした。悲しみの中で地中に埋めた、いとしい人の大切な遺体を動物から守る――そのような意味もあったといいます。

　もう1つは救荒（きゅうこう）作物としてです。昔は頻繁（ひんぱん）に飢饉（ききん）がありました。飢饉になったときの最後の食物が救荒作物です。ヒガンバナの根には**イヌリン**という毒が含まれ、そのままでは食べられません。しかしイヌリンは水溶性のため、入念に水洗いすれば流し去ることができます。最後に残ったデンプンは食用になります。しかしおいしくはないので、飢饉のとき以外は食べる人がいないというのです。

　ヒガンバナは嫌われることもありますが、「人の悲しみに寄り添ってきた花」といえるのではないでしょうか。

🜚 キノコの毒〜煮ても焼いてもなくならない

　秋になるとキノコによる食中毒が頻発します。日本に生息するキノコの種類は4000種といわれます。そのうち学名のついているものは3分の1に過ぎず、また3分の1は毒キノコといわれます。キノコの毒の多くはタンパク質ではなく、普通の小型分子です。ということは、**煮ても焼いても無毒にならない**ということです。キノコには注意しなければなりません。

▶ なぜか最近事故が増えた「スギヒラタケ」

　スギヒラタケは、以前は無毒とされ、食用とされていました。ところが2004年に、腎臓に障害をもつ人が食べて急性脳症を起こす事件が相次いで発生しました。この事件によってスギヒラタ

ケの毒性が明らかになると、急に患者が発生し出し、その年のうちに東北、北陸9県で59人の患者が発生し、うち17人が死亡しました。患者の中には腎臓に障害のない人もいます。

中毒の原因、有毒物質、ともに調査中です。不思議な事件です。もしかしたら、それまではほかの原因の食中毒、あるいは何かの病気として片づけられていたのかもしれません。それがスギヒラタケの毒性が判明したことで、毒の本体が明らかになったのかもしれません。

▶猛毒注意！「カエンタケ」

以前は、めったに見られないキノコだったのですが、近年は住宅地でも見つかる例があり、新聞に載ったりすることもあります。**カエンタケ**です。名前の通り、火炎のように赤く、炎のように根元から分かれて生えます。人の手の形にも似て不気味です。

まさか食べる人はいないでしょうが、猛毒で、食べると命を落とし、幸い治ったとしても、小脳萎縮によって運動障害が残ります。たとえ食べなくても、手に触れただけで重篤な炎症を起こします。「君子危うきに近寄らず」です。

▶二日酔い必至の「ヒトヨタケ」

白くてかわいいキノコですが、一晩で黒くなって溶けてしまうのでこの名前になったといいます。煮て食べるとおいしいといいます。ところが、オトーサンがこれで一杯やると、翌朝ひどい目にあうというのです。強力な二日酔いとなります。手当てすれば回復しますが、この状態は数日続き、飲むたびに強力な二日酔いとなります。断酒を希望するオトーサンにはよいのかもしれません。

◎ 魚介類の毒〜猛毒多数

魚介類には毒をもつものがたくさんいます。サンゴ礁の魚介類

がもつ猛毒、**パリトキシン**は2-5で見た通りです。

▶ フグ毒「テトロドトキシン」

　フグの毒は**テトロドトキシン**といいます。テトロ(テトラ)はギリシア語で「4」を表す数詞、オドは「歯」、トキシンは「毒」、つまり「4枚歯の毒」という意味であり、4枚の鋭い歯で釣り糸を噛み切って逃げるフグの特徴をよく表しています。

　フグには多くの種類がありますが、サバフグのように無毒の善良(?)なものから、キタマクラのように全身猛毒という猛者(?)までいるので要注意です。おいしいトラフグの毒は血液、肝臓、卵巣に限られているので、この部分を除けば食用になります。最近は海水の温暖化によって北海道でもトラフグが捕れるそうです。

　ところで、フグの調理師免許は条例で定められています。つまり、免許の条件が県によって違うのです。実技試験を課す県もあれば、講習会に出席するだけという県もあるようです。額に入った免許状だけでは実情はわかりません。「受験者は全員合格」という、どこかの大学入試のようなことが行われているかもしれません。

　フグは毒を自分で生産するのではなく、藻類の生産する毒を食物連鎖によって体内に取り込んでいます。したがって、毒餌のない環境で育った養殖フグに毒はありません。しかし、有毒の天然フグと無毒の養殖フグを同じ水槽で飼うと、養殖フグも有毒になるといいます。フグは体内に毒を生産する菌をもっており、この菌が養殖フグに感染するためだという説もあります。

▶「フグ毒」と「トリカブト毒」を両方飲んだらどうなる?

　フグ毒のテトロドトキシンはトリカブト毒の**アコニチン**と同じ**神経毒**です。しかし、神経細胞への両者の働き方はまったく逆です。すなわち両者は対立関係にあるのです。では、この両者を

同時に摂取したらどうなるでしょう？

このような事件が実際に起こりました。1986年に起こった「沖縄トリカブト殺人事件」です。この事件を解明するため、マウスにテトロドトキシンとアコニチンの混合物を飲ませる実験が行われました。その結果、**体内で両毒のつぶし合いが起こる**ことがわかりました。両毒の量が釣り合った場合には、マウスには何事も起こりません。しかし、どちらかが多かった場合には、生き残った毒がマウスを殺します。

重要なことは、**つぶし合いが行われている間は、マウスは正常**だということです。犯人はその間、場合によっては数時間、アリバイが稼げるのです。この事件の犯人は無期懲役の刑になりましたが、2012年に病気で獄死しました。

▶ 刺して毒を注入する〜エイ、ゴンズイ、ガンガゼ

エイの尻尾の付け根には大きく鋭い棘(とげ)があります。これに刺されると毒が注入され、大変な目にあいます。海中で球状の集団をつくるナマズのような魚、**ゴンズイ**も棘に毒をもっています。「漁師も寝込む」といわれるほど痛いようです。

ウニは全身針だらけで、刺されたら痛そうですが、毒はありません。ただし、**ガンガゼ**は例外です。毒がある上に、針が折れて体内に残ります。要注意です。

▶ テトロドトキシンをもつ「ヒョウモンダコ」

最近、日本の岩礁地帯にも現れたとして話題なのが**ヒョウモンダコ**です。以前は南洋にしかいなかったのですが、日本近海の海水温の上昇にともなって北上したようです。

小さいタコですが、怒ると全身に青いリング状の模様が現れ、それが豹(ひょう)に似ているのでヒョウモンダコといわれます。ヒョウモンダコは獰猛で、怒ると嚙みつきます。すると被害者の体内にテト

ロドトキシンが注入されるというわけです。

「ダッタラ食ってしまえ」などといってはイケマセン。テトロドトキシンは煮ても焼いても毒のままです。フグを食べるのと同じことになります。

◎ 哺乳類にも毒がある〜カモノハシ、トガリネズミ……

毒をもつ哺乳類は非常に少ないですが、皆無ではありません。その1つは、変わり者の哺乳類ですが、**カモノハシ**です。これは爪に毒をもっています。致死性ではないものの、ひっかかれると数日から数カ月痛みが続くそうです。

トガリネズミは体長10cmほどの小型のネズミです。エネルギーを蓄えることができないので、ひたすら食べ続けなければならず、餌がなくなると数時間で餓死するというかわいそうな動物です。唾液に毒をもち、これを獲物に注入して麻痺させます。

◎ 鳥類にも毒があった！〜モズの一種

中国の古書に猛毒をもつ鳥が書かれています。名前を**チン**といい、毒ヘビを餌とし、全身至るところに毒をもつといいます。羽まで猛毒であり、これを酒に浸したものをチン酒といい、暗殺に用いました。これを「チン殺」というのだそうです。しかし、この話は「中国特有のつくり話で、実際の毒鳥はいない」と考えられてきました。

ところが1990年にニューギニアで、毒をもつ鳥が発見されました。それも同時に3種類も。いずれも**モズ**の仲間です。というのは、これらの鳥はとうの昔に知られた鳥だったのですが、毒をもつとは思われていなかったというのです。

それがヒョンなことから1種類に毒があることがわかり、類似の

鳥を調べたところ、「これも、これも」ということになったようです。毒は猛毒で鳴る**ヤドクガエル**のものと同じで$LD_{50} = 3\mu g$と猛毒です。量は1羽あたり、皮膚に$20\mu g$、羽に$3\mu g$といいますから、体重70kgの大人の殺人には$\frac{3 \times 70}{20+3} \fallingdotseq 10$羽程度は必要です。

チンの想像図。羽だけで殺すチン殺の場合には、羽根布団をつくるほどの羽が必要だったのではないだろうか？　やはり「白髪三千丈(はくはつさんぜんじょう)」の世界なのかもしれない

爬虫類の毒〜その代表といえば毒ヘビ

爬虫類の毒といえば**ヘビ**の毒です。マムシ、コブラと、恐ろしいものがそろっています。

▶ 日本産の毒ヘビ〜マムシ、ハブ、ヤマカガシ

日本の毒ヘビといえば**マムシ**と**ハブ**に決まっていました。**ヤマカガシ**も毒をもつことは知られていましたが、「命にかかわるほどのものではない」と思われていたようです。ところが1984年に愛知県でヤマカガシに噛まれた子供が死亡したことで一躍注目を集めました。その結果、意外なことが明らかになりました。

なんと、日本産のヘビの場合、毒として最も弱いのはハブ毒であり、マムシ毒はその3倍、さらにヤマカガシ毒はその3倍、すなわち**ハブ毒の9倍**という強さだったのです。ただし、体の大きさはハブ＞マムシ＞ヤマカガシの順なので、噛まれたときに注入される毒の強度としては、ハブ＞マムシ＞ヤマカガシの順になるのだそうです。

ヘビ毒には血清が用意されていますから、万一噛まれた場合には、ヘビの特徴を覚えた上で病院に急行することです。

▶ クレオパトラのヘビは「コブラ」？

毒ヘビの毒はすべてタンパク毒ですが、**神経毒**と**出血毒**という2系統があります。神経毒は全身の神経系統を破壊するもので、死亡率は高いのですが、傷口、後遺症は軽く済みます。それに対して出血毒は消化酵素の一種です。噛まれると患部に激痛と腫れが起こり、内臓出血などが起こります、死亡率は神経毒より低いのですが、組織の壊死が起こって後遺症は重くなります。

クレオパトラは名誉と誇りを重んじる王国の王です。戦いで敗れた場合には、生きて辱めを受けることはできません。潔く死ぬことが求められます。そのようなこともあって、クレオパトラは毒

物と毒ヘビの知識に長けていたといいます。

クレオパトラが飼っていたヘビは**クサリヘビ**と**コブラ**だったといいますが、前者は出血毒、後者は神経毒です。ヘビにくわしいクレオパトラが余計な苦しみを与えるヘビを選ぶはずもないことから、「用いたヘビはコブラであろう」といわれています。しかし、それにしても即死ということはありえません。その間に敵が来て囚われの身になるかもしれません。ということで、たとえヘビを用いたとしても、「コブラ＋ほかの毒」という合わせ技だったのではないかといわれています。

炭素を含む無機物の毒

無機物でも炭素を含むものはあります。典型的なのは前述の青酸カリ（正式名：シアン化カリウム）KCNで知られる**シアン化合物（青酸化合物）**です。

▶ 細胞に酸素が届かなくなる青酸カリの毒性

青酸カリは呼吸毒です。呼吸毒というのは、息をできなくするわけではありません。肺で吸収した酸素が細胞に届けられるのを妨げるのです。患者は肺を動かして懸命に呼吸するのですが、呼吸で吸引した酸素が肝心の細胞に届かないのです。

呼吸作用は、簡単にいえば次のようなものです。肺で吸収された酸素はヘモグロビンの鉄に結合します。このヘモグロビンは血流に乗って細胞に行き、そこで酸素を細胞に渡して、自身は空身となって肺に戻ります。このようにしてヘモグロビンはピストン輸送によって、肺の酸素を細胞に運びます。

ところが、ここに青酸カリから発生した青酸イオンCN^-が来ると、ヘモグロビンは酸素と結合せず、CN^-に飛びついて結合してしまいます。しかし、「悪女の深情け（？）」なのか、CN^-はヘモグ

ロビンから離れようとしません。かくして、ピストン輸送は頓挫し、酸素は肺に滞留、ということになるのです。**一酸化炭素CO**も同じような機構で作用する呼吸毒です。

▶工業的には有用な青酸カリ

青酸カリは猛毒ですが、自然界にあるものではありません。人為的につくった物質です。なぜこのような猛毒をワザワザつくる必要があるのでしょう？　それは青酸カリが**工業的に有用**だからです。

金は何ものにも溶けないといいますが、金が溶けなかったら金メッキは不可能です。金はいろいろなものに溶けます。硝酸と塩酸を混ぜた王水に溶けることはよく知られていますが、ヨウドチンキに溶けることはあまり知られていないようです。金箔をヨウドチンキに入れるとドロドロと溶けるそうです。液体金属の水銀も金を溶かします。溶かして泥状の合金、金アマルガムをつくります。

この泥を大仏様に塗って炭火を押しつければ、沸点の低い(357℃)水銀は気体になって蒸発し、金だけが残ります。これが奈良の昔の金メッキです。**問題は蒸発した水銀**です。水俣病で有名なように、水銀は毒物です。水銀蒸気に覆われた奈良盆地は水銀汚染に苦しんだことでしょう。平城京が80年ほどで長岡京に遷都したのは、水銀公害の問題もあるといわれます。

同じく金をよく溶かすのが**青酸カリ水溶液**です。つい最近まで、電気金メッキは青酸カリ水溶液中で行われました。青酸カリ水溶液は金の採掘でも使われます。金鉱石に含まれる金の割合は微々たるものです。鉱石を砕いて目で探すようなやり方は非効率的です。そこで、砕いた鉱石を青酸カリ水溶液に漬けるのです。すると金は水溶液に溶け出します。その後、カスになった鉱石を除けば、金の溶けた水溶液が残ります。これを化学的に処理して

金を取り出すのです。

実際には青酸カリKCNではなく、化学的に等価な青酸ナトリウムNaCNを用いますが、その生産量は日本だけで年間3万トンといわれます。青酸カリの経口致死量は0.2gといわれますから、何人分の致死量になるか計算してみては？

Column6　二酸化炭素の危険性を知っていますか？

一酸化炭素COが危険なことは多くの方がご存知だと思いますが、「二酸化炭素CO_2は無害」と思っておられるのではないでしょうか？　とんでもありません。空気中の二酸化炭素濃度が3～4％を超えると、頭痛、めまい、吐き気などが起き、7％を超えると数分で意識を失います。この状態が継続すると、麻酔作用によって呼吸が停止して死に至ります。

ドライアイスは二酸化炭素の塊です。これを自動車のような狭い密閉空間で気化させたら、濃度は思いのほか高くなります。また、二酸化炭素は空気の1.5倍ほど重い気体です。車内で気化したら、その気体は下からたまっていきます。大人は大丈夫でも、赤ちゃんがひざの上で眠っていれば危険です。

ドライアイスを密閉した瓶や缶に入れたら爆発が起きます。ドライアイスをインク瓶に入れて爆発し、命を失った事故もあります。意外なものに意外な危険性が潜んでいることがあるのです。

人の心を破壊する炭素王国の「厄介者」

麻薬や**覚せい剤**は毒物の一種ですが、もっぱら脳に働く毒物です。麻薬は脳の活力を奪い、覚せい剤は脳を無理に働かせるようなイメージがありますが、毒としての実態はほとんど同じです。いずれも脳の**神経細胞の情報伝達系を誤作動**させます。患者は最終的にこれらの毒物から離れられなくなり、脳と体の両方を壊して廃人となってしまいます。

麻薬や覚せい剤は炭素王国の中で最も恐ろしい、「人の心を壊す王国民」といえるでしょう。

◎ 正常な脳の働きと異常な脳の働きの違い

脳は**神経細胞**の塊です。神経細胞は長い細胞で、長いものは数十cmもあります。神経細胞は頭（細胞体）と尻尾（軸索）からできています。頭には**樹状突起**という植物の根のようなものが生え、尻尾には**軸索末端**という根が生えています。

▶ 正常状態

脳から出た指令は神経細胞を通って筋肉に行きますが、その間は1本の神経細胞でつながっているわけではありません。何本もの細胞を経由して伝わります。神経細胞は樹状突起と軸索末端を絡ませるようにして接合します。この部分を**シナプス**といいます。

情報は神経細胞の頭（樹状突起）から入って尻尾を通り、軸索末端に行きます。すると、軸索末端から**ドーパミン**という神経伝達物質が放出されます。これが次の細胞の樹状突起に結合することによって情報が伝達されるのです。

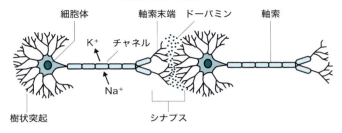

一度、樹状突起に結合して情報伝達使命を終えたドーパミンは樹状突起から離れ、元の軸索末端に戻り、次の出動に備える。これが正常な脳内の動きだ

▶ 異常状態

　ところが、麻薬や覚せい剤のような薬剤は、この軸索末端に作用して、勝手にドーパミンを放出させます。この結果、樹状突起に結合するドーパミンの個数が増えるため、情報は誇張されます。さらに、行きどころのないドーパミンがシナプスにあふれることによって、**神経は興奮し続ける**ことになります。

　このような状態は、最初は幸福な多幸感につながります。しかし、それはしょせん幻影に過ぎません。薬剤の効果が消えれば喪失感が残るだけです。そこでまた薬剤に手を出します。これを繰り返すうちに、多幸感を得るために必要な薬剤の量が増えます（**耐性**）。そのうち、罪悪感あるいは金銭的な理由で薬剤を止めよう（断薬）とすると、激しい**離脱症状（禁断症状）**が現れ、ますます薬剤から離れることができなくなってしまうのです。

◎ 清朝中国を崩壊させた「アヘン」

　一般に麻薬は摂取すると恍惚状態に入り、夢と現実の間をさ

まようといわれます。その中で最もよく知られたものが**アヘン**です。アヘンはケシの未熟な果実（ケシボーズ）に傷をつけると浸み出す樹液を濃縮・乾燥したものです。アヘンの主成分はモルヒネとコデインです。モルヒネに無水酢酸を作用させると、「麻薬の女王」といわれる**ヘロイン**になります。

タバコを吸うようにアヘンに火をつけてその煙を吸うと、一時的な多幸感が得られるといいます。そのため、清朝中国（1636〜1912年）では一般的にアヘンを吸引していました。「泣きやまない

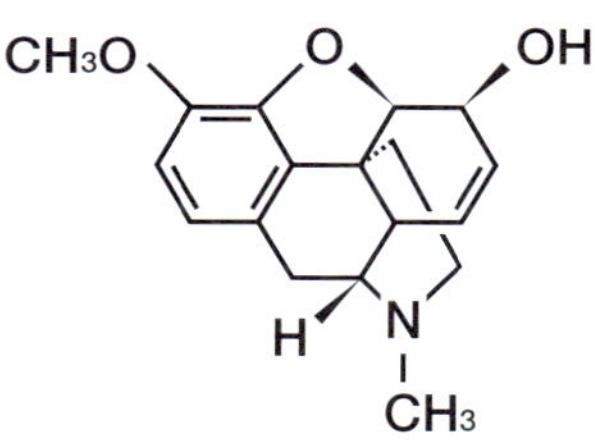

コデイン 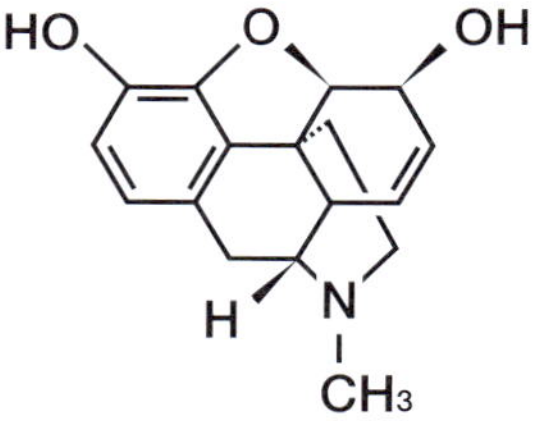　　　　　モルヒネ

アヘンの主成分はコデインとモルヒネ

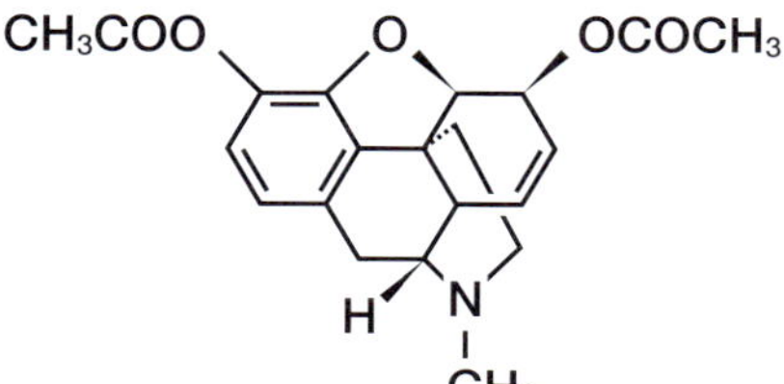

ヘロイン

モルヒネに無水酢酸を作用させるとヘロインになる

子供にまで吸わせた」といいます。しかし、やがて中毒になり、体と精神の両方を病んでしまいます。清朝では大きな問題となっていました。

ところが、清朝と交易していた英国は、清朝から購入した絹や紅茶の代金を、インドで栽培したアヘンで賄おうとしました。これに中国が反発して起こったのが**アヘン戦争**(1840～1842年)です。戦争に正義があるかどうかは微妙でしょうが、少なくともこの戦争に関しては、英国に正義はなかったようです。しかし、正義と勝敗は無関係です。戦争に負けた中国は英国の意のままになって疲弊し、**太平天国の乱**(1851～1864年)などいくつかの内乱を経るという苦しい歴史をたどることになったのです。

◎ いにしえの暗殺者も虜になった「大麻」

大麻は最近問題となっていますが、要するに繊維の麻、リネンを採る植物であり、日本では昔から栽培されてきた重要な伝統植物です。伊勢神宮のお札(神礼)を大麻と呼ぶことからも、その重要性がわかります。麻は成長が速いので、「忍者の卵」(訓練生)は毎日、麻を飛び越える練習をしたといいます。気づかないうちに高い跳躍力が身につくというのです。

麻の葉や花冠を乾燥して樹脂化、または液体にしたものを**マリファナ**あるいは**ハシシュ**といいます。主成分は**テトラヒドロカンナビノールTHC**という分子です。大麻には薬理作用があり、各種の病気を治す薬として使われましたが、一方で覚せい作用があり、摂取すると興奮状態になり、しかも耐性があって摂取量が増え、やがてやめることができなくなるといいます。要するに麻薬の症状です。

中世アラビアには、**アサシン**と呼ばれる暗殺集団の伝説があっ

たといいます。彼らは街で所在なげな青年を見つけると、言葉巧みにいい寄り、ハシシュを嗅がせて失神させ、本拠地に連れていきます。そこで、食べたことのないようなご馳走と酒と、見たことのないような美女をあてがって、享楽の限りを尽くさせます。

数日の後、ふたたびハシシュで失神させて元の街角に連れ戻り、目を覚ました青年にささやきます。「もう一度あのような思いをしたかったら〇〇を殺せ。もし失敗してお前が殺されても、お前には天国であのような生活が待っているぞ」。これで「狂信的な暗殺者」が誕生するというのです。

もし、私にこのような僥倖（ぎょうこう）（？）が巡ってきたらどうするか？　私にはまったく自信がありません。もしかしたら最近よく起こる自爆テロには似た背景があるのかな（？）と思ってしまいます。

健康と引き替えに疲労を忘れさせる「覚せい剤」

「日本薬学会の生みの親」といわれる長井長義は、漢方薬の麻黄（まおう）を研究し、1885年に**エフェドリン**という有機分子を単離しました。エフェドリンはぜんそくに薬効があったので化学的に合成しようと試み、1893年に**メタンフェタミン**を合成しました。1887年にはルーマニアの化学者が、同じ試みの中でアンフェタミンを合成していました。研究の結果、この2種の薬物には睡眠薬の逆の効果、すなわち、眠気をとり、意識を覚醒させる効果があることがわかりました。そのため、**覚せい剤**と呼ばれることになりました。

覚せい剤に注目したのは軍部でした。「摂取者を鼓舞（こぶ）し、恐怖心を忘れさせる」というのは、死ぬかもしれない前線に送り出す兵士に飲ませるのに格好の薬剤だったのです。これは日本もドイツも、さらにベトナム戦争当時の米国でも同じだったといいます。

戦争は狂気といいますが、人為的に仕組まれた狂気でもあったのです。

戦争が終わった後、覚せい剤は野に放たれました。メタンフェタミンは、日本で**ヒロポン**という名前で市販されました。ヒロポンは「疲労をポンと忘れさせる」などといわれますが、実はギリシア語のヒロポノス「労働を愛する」からつけられたといいます。

当時の社会には覚せい剤の恐ろしさが知られておらず、ヒロポンは労働者、経営者、学生など、多くの層に愛用されました。その結果、**100万人**に**達する中毒者**を出し、一大社会問題となりました。

エフェドリン

エフェドリンは麻黄の研究から生まれた

メタンフェタミン　　　　**アンフェタミン**

どちらも眠気をとって意識を覚醒させる効果がある

第Ⅱ部 生命体を支配する炭素王国　第5章 人を苦しめてきた炭素王国の死神「毒」

幻覚を引き起こす「LSD」

　中世が、いわれるような暗黒時代だったかどうかはともかくとして、魔女裁判が行われたことは教会の公式記録からも明らかです。それによると魔女裁判は、夏が暑く、湿っぽかった年に多く開かれたといいます。そしてそのような年には、「聖アントニウスの業火」と呼ばれる病気、四肢に焼け火箸を当てられるような痛みを覚える病気も多かったことがわかりました。

　近年の研究によって、聖アントニウスの業火は、ライムギなどに発生する麦角菌の出す**麦角アルカロイドによる食中毒**であることがわかりました。この分子は**幻覚**も起こします。魔女というのは、これに感染した女性の常軌を逸した言動が起源になったのではなかったかと考えられています。

　1938年、麦角アルカロイドを研究していたスイスの化学者アルバート・ホフマンは1つの有機化合物を合成し、**LSD**と名付けました。少量のLSDを服用すると、まるで万華鏡のようにめくるめく色彩が目の前にきらめくといいます。それを表現したサイケデリックアートという芸術の一分野が現れたほどです。

　LSDはベトナム戦争、自然回帰運動、東洋文化指向、反キリスト教運動などと重なって、当時の「ヒッピー」と呼ばれた若者に大きな影響を与えました。

人が生み出した狂気の物質「化学兵器」

　戦場で、敵兵に損害を与えるために用いられる化学物質を**化学兵器**といいます。化学兵器は「悲惨な狂気の化学物質」としかいいようがありません。そのため、その使用を制限するための国際条約が締結されました。1925年のジュネーブ条約、1977年の化学兵器禁止条約がそれです。しかし現在も、紛争が起こるたびに化学兵器の使用が疑われます。

◎化学兵器は人が自らの手でつくり出した

　戦争では敵兵を倒す必要があります。1人ずつ鉄砲で狙っていたのでは非効率的です。原子爆弾でドカンとやるのが最も効率的でしょうが、原子爆弾をつくるにはトンデモない科学技術力と費用がかかります。

　しかし、化学物質、毒物なら、多くの兵士をまとめて殲滅（せんめつ）でき、しかも平時の化学工場で、安い費用でつくれます。このことから、化学兵器は「貧乏国の原子爆弾」ともいわれます。

　すべての化学物質は、「人類の平和と幸福に貢献するように」との願いと目的のために開発されます。ところが化学兵器は、これとはまったく異なる目的のために合成されたものです。

　化学兵器を推奨した化学者は「化学兵器は戦争を早期に収束させるので、多くの兵士の命を救う、人道的な兵器」だといったそうです。詭弁以外の何ものでもありません。そして、同じ詭弁が原子爆弾の投下に際してもいわれたことは明記すべきでしょう。

　誰が何といおうと、**化学兵器は狂気の化学物質、悪魔の化学物質**です。これらの化学物質も、自分で望んで生まれてきたわけ

ではありません。狂気の人間によって無理やり誕生させられたのです。化学兵器自身もまた被害者というべきかもしれません。

◎ 人を殺すために毒性を高められた

戦争で生物や化学物質を使うことは、エジプト、ギリシアの昔から行われていました。

古代エジプトの戦争では、神の使いと考えられた**ネコ**を石弓で敵地に放り込んだといいます。敵軍も驚いたでしょうが、ネコも驚いたでしょう。

ギリシアでは硫黄を燃やして、その煙、亜硫酸ガスSO_2を敵陣に流したといいます。「さすがギリシア。化学的」といいたいところですが、化学の使い方としては大間違いというところでしょう。

近代戦争での化学兵器使用の最初の例は、第一次世界大戦でドイツ軍の使った**塩素ガスCl_2**だったといいます。その後、ホスゲン$COCl_2$、青酸ガスHCN、イペリットと発展し、現代では日本のオーム事件で有名になった**サリン、ソマン、VX**に発展しました。

塩素ガス、ホスゲン、青酸ガス、イペリットなどは、工業用の原料物質です。つまりこれらの化学兵器は、いってみれば「工業用品の横流し」です。

しかし、サリン、ソマン、VXは、**ほかに使いようのない悪魔の分子**です。とはいうものの、これらも実は殺虫剤などとして開発されたものです。人間に対する害がひどすぎるので殺虫剤としての開発をあきらめ、さらに毒性を高めて、虫ではなく、人間を殺すのに特化させられた分子たちなのです。

とはいえ、つくられた分子に悪意はありません。人間の悪意の犠牲になったかわいそうな分子たちです。

● さまざまな化学兵器

イペリット

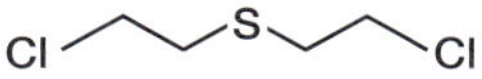

Cl−CH₂−CH₂−S−CH₂−CH₂−Cl

サリン

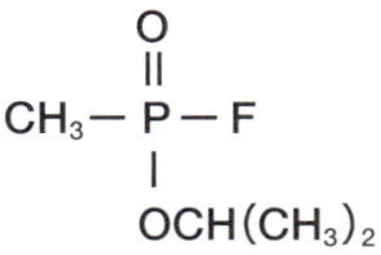

$$CH_3-\underset{\underset{OCH(CH_3)_2}{|}}{\overset{\overset{O}{\|}}{P}}-F$$

ソマン

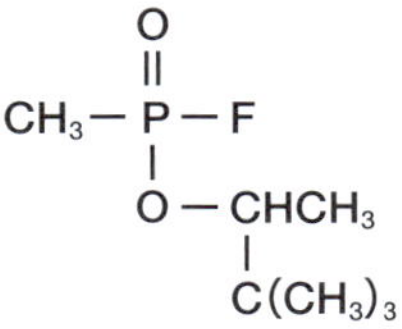

$$CH_3-\underset{\underset{\underset{C(CH_3)_3}{|}}{\underset{O-CHCH_3}{|}}}{\overset{\overset{O}{\|}}{P}}-F$$

VX

$$CH_3-\underset{\underset{CH_2CH_3}{\underset{|}{O}}}{\overset{\overset{O}{\|}}{P}}-S-CH_2-CH_2-N\begin{matrix}CH(CH_3)_2\\CH(CH_3)_2\end{matrix}$$

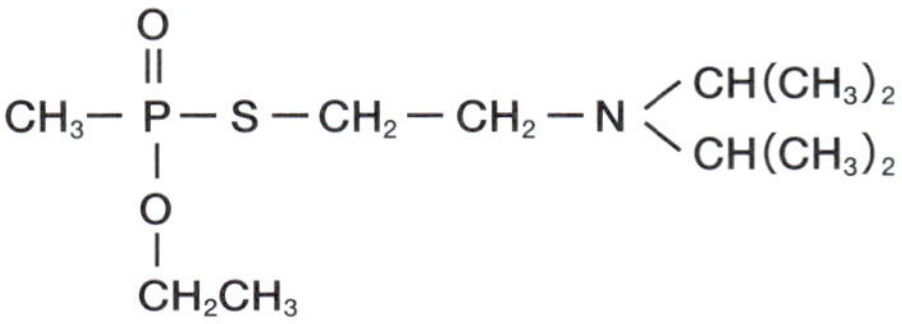

毒性の高い化学兵器が次々と開発されてきた

自然環境を狂わせる「困りもの」

　地球の直径は約1万3000kmです。最も高いエベレストの高さは10kmに足りません。最も深いマリアナ海溝も約10kmです。人間が住み、移動する範囲、つまり環境はこの上下10km、合わせて20kmの範囲に限られるのです。

　黒板に直径1.3mの円を描きましょう。すると、上で見た環境の範囲は0.2cm＝2mmとなります。つまりチョークの線の幅ほどもないのです。環境がいかに狭い範囲であるのか、ここを汚してしまったら行き場のないことがよくわかります。

◎ 生物濃縮される「有機塩素化合物」

　環境を汚染するといわれる物質はたくさんあります。先に見たプラスチックもそうです。有機塩素化合物もそのようなものです。有機塩素化合物は塩素原子Clを含んだ有機化合物です。典型的なものに、昔の殺虫剤DDT、BHCがあります。

　20世紀の中ごろに開発されたこれらの殺虫剤は、殺虫効果が高いことから大量に生産され、大量に使用されました。そのおかげで多くの害虫が撲滅され、快適な環境と生活が確保され、また農作物の虫害が少なくなって収穫が増えたことは間違いありません。DDTの開発者、ヘルマン・ミュラーは、その功績によって1948年にノーベル生理学・医学賞を受賞したほどです。

　しかし、その後、有機塩素化合物は虫だけでなく、人にも害があることがわかり、製造・使用されなくなりました。有機塩素化合物の特徴は、安定していて壊れにくいことです。有機塩素化合物は、今も環境に残存しているといいます。

その上、これらは生物濃縮されます。つまり、有機塩素化合物を体内に取り込んだプランクトンをイワシのような小魚が食べて濃縮し、それをイカが食べて濃縮し、それをイルカが食べて濃縮するのです。このような繰り返しによって、**海洋表面濃度の1000万倍にも濃縮される**といいます。

● 表層水と水棲生物におけるPCBとDDTの濃度

	濃度（ppb）	
	PCB	DDT
表層水	0.00028	0.00014
動物プランクトン	1.8	1.7
濃縮率（倍）	6,400	12,000
ハダカイワシ	48	43
濃縮率（倍）	170,000	310,000
スルメイカ	68	22
濃縮率（倍）	240,000	160,000
スジイルカ	3,700	5,200
濃縮率（倍）	13,000,000	37,000,000

PCBはポリ塩化ビフェニルの略称。油状の化学物質で体内に蓄積されると健康被害が発生する。表層水のPCBはスジイルカの体内で1,300万倍、DDTは3,700万倍にまで濃縮される
出典：立川 涼、水質汚濁研究、11、12（1988）

◎ 地球を温暖化させる「二酸化炭素」

最近、地球の温度が上昇しているといいます。このままいくと今世紀の終わりには、海水の熱膨張によって海面は50cm上昇するといわれます。その原因と考えられているのが、熱をため込む性質のある気体、**二酸化炭素CO_2**です。

熱をため込む性質の大きさは**地球温暖化係数**で表されます。これは二酸化炭素を標準にするので、二酸化炭素の係数は1です。

この「1」という値は最低で、ほかの気体、たとえばメタンCH_4は21、一酸化炭素COは310、オゾンホールの原因として有名なフロンは数千です。

二酸化炭素は係数が最低なのに、なぜ目の敵にされるのでしょう？ それは、化石燃料の燃焼によって大量に放出されるからです。石油が燃えたらどれくらいの二酸化炭素が発生するか、簡単な計算で求めてみましょう。そのためには、原子や分子の相対的な重さである**原子量、分子量**を知る必要があります。高校の教科書をめくると、求める方法が書いてあります。

石油は炭素Cと水素Hからできており、その分子式は簡単化するとC_nH_{2n}です。Cの原子量は12、Hの原子量は1ですから、石油の分子量は$(12 + 1 \times 2)n = 14n$となります。石油が燃えると炭素はすべてCO_2となりますから、1分子の石油が燃えるとn個の二酸化炭素CO_2が発生します。酸素の原子量は16ですから、CO_2の分子量は$12 + 16 \times 2 = 44$となります。これがn個ですから、全部で$44n$です。

つまり、14kgの石油を燃やすと、44kgの二酸化炭素が発生するのです。石油の重さの3倍です。10万トンのタンカー1杯分を燃やしたら、30万トンのCO_2が発生するのです。

第6章
炭素王国の新素材

人類は、石器時代、青銅器時代、鉄器時代と進化してきました。現代も鉄器時代といわれます。しかし、現代は「プラスチック時代」といってもよいのではないでしょうか？ なぜなら、プラスチックは鉄に勝る素材だからです。

20世紀の新素材「プラスチック」「ナイロン」

人類は道具と素材を使う動物です。人類は自然界からいろいろな素材を集め、それを加工して家や道具や機械をつくりました。石材、木材、金属、毛皮、骨、あらゆる天然物が素材として利用されました。そして19世紀の末に、人類は**自らの手で素材そのものをつくり出すことに成功**しました。それが**高分子**です。

◯ 簡単で小さな単位分子の集合体「高分子」

19世紀末に登場した新素材は、一般に**高分子**といわれます。高分子は分子量の大きな分子、つまり多くの原子からできた巨大な分子という意味です。ただし、大きければ何でも高分子というわけではなく、2-5で見たフミン酸のようなものは高分子とは呼びません。高分子というのは、**簡単で小さな単位分子がたくさん集まってできた巨大分子**のことをいいます。

20世紀初頭に、この分子の集まり方を巡って、学会を二分する大論争が起きました。二分とはいうものの、実際は「1:大多数」というもので、この1というのはドイツの化学者**ヘルマン・シュタウディンガー**でした。

多くの化学者は、「高分子は単位分子が集まってできたもので、単位分子間に結合はない」と考えました。それに対してシュタウディンガーは、「単位分子は互いに共有結合をしている」と考えたのです。彼は精力的に実験を重ね、自分の説を裏付ける実験結果を次々と学会に報告し続けました。その結果、ついに学会も彼の説が正しいことを認めざるを得なくなりました。シュタウディンガーの勝利です。この功績によって彼は1953年にノーベル化

学賞を受賞し、今も**高分子の父**と呼ばれています。

ただし、彼に反対した大多数の化学者も、あながち間違っていたわけではなく、共有結合をしていない巨大分子も存在するのです。それは現在、**超分子**と呼ばれ、シャボン玉、細胞膜、液晶、あるいは4-4で見たシクロデキストリンなどとして、現代化学の花形となっています。

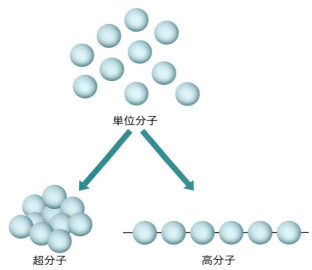

高分子の単位分子は互いに共有結合をしている

なぜプラスチックを加熱すると軟らかくなる？

高分子にはいろいろな種類がありますが、一般によく知られているのは**プラスチック（合成樹脂）**でしょう。これは松脂など、自然界に存在する樹脂と同じように、冷えれば硬くなりますが、加

熱すると軟らかくなるので、特に**熱可塑性樹脂**ともいわれます。

　プラスチックは単位分子が何千個も結合した長い分子で、その分子構造は鎖にたとえることができます。鎖の輪っかが1個の単位分子です。プラスチックを加熱すると、この鎖が熱エネルギーによって運動を始めます。これが、熱可塑性樹脂の**軟化**の原因です。

　プラスチックの典型のようにいわれるポリエチレンは、エチレン$H_2C=CH_2$という単位分子が1万個程度もつながったものです。梱包の緩衝材やスーパーの食品のトレイなどに使われる発泡ポリスチレン（発泡スチロール）は、スチレンが結合したものです。

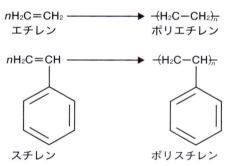

「ポリ」はギリシア語で「たくさん」を意味する

◇「鉄より強くクモの糸より細い」ナイロン

　単位分子は1種類とは限りません。**ナイロン**はアジピン酸とヘキサメチレンジアミンが1つおきにつながったものですし、**ペットPET**はエチレングリコールとテレフタル酸が1つおきに結合したものです。PETのPはポリ、Eはエチレングリコール、Tはテレフタ

ル酸を表しています。

　ナイロンは米国デュポン社のウォーレス・カロザースという若い化学者が発明したものですが、彼はうつ病のため、ナイロンの完成が発表される前に自殺してしまいました。

　この高分子がなぜナイロンという名前になったのかについては諸説ありますが、その1つは「米国政府高官がつけた」というものです。NYLONは逆に読むとNOLYN、「ノーリン」となります。つまり、「**日本の農林省をひっくり返した名前だ**」というのです。それまで米国は日本の絹を輸入し、大量の外貨を払っていましたが、ナイロンのおかげで立場が逆になるので、「ザマーミロ、農林省」というわけなのだそうです。

　「鉄より強くクモの糸より細い」という名キャッチフレーズで有名になったナイロンは、ストッキングに使われてもてはやされました。当時ヨーロッパに旅行した米国人は、ヨーロッパの貴族女性が穴のあいた絹製のストッキングを履いているのを見て、自国に自信をもったといいます。ナイロンが一般的だった米国では、「レストランのウェートレスだって穴のあいたストッキングなど履いていない」というのです。移民国家として、祖先のヨーロッパに劣等感をもっていた当時の米国民にとって、これは些細なことであっても、大きなことだったのかもしれません。

6-2 加熱しても「グニャリ」とならない「フェノール樹脂」

　普通のプラスチックは加熱するとグニャッと軟らかくなります。ハイキングなどで使う使い捨ての透明なコップに熱いお茶を入れると、グンニャリして危険です。ところが、一般にプラスチックといわれるものの中には、**いくら加熱しても軟らかくならないもの**もあります。プラスチックの食器や、フライパンの握り、あるいは電化製品のコンセント部などです。これらは**熱硬化性樹脂**と呼ばれる特殊なもので、化学的には前述の熱可塑性樹脂のプラスチックとは別のものとされます。

まるで1個の分子のような「フェノール樹脂(ベークライト)」

　先に「人類が高分子を発明したのは19世紀末」といいましたが、このとき発明されたのは、実は熱硬化性樹脂だったのです。これはフェノール(石炭酸)とホルムアルデヒドを混ぜて加熱したもので、当時は発明者(レオ・ベークランド)の名前にちなんで**ベークライト**と呼ばれましたが、現在は**フェノール樹脂**と呼ばれます。

　フェノール樹脂の分子構造は、熱可塑性樹脂の分子構造と大きく異なっています。熱可塑性樹脂の分子は「ひも状」の一次元構造ですが、フェノール樹脂の分子構造は図に示したように**三次元の網目構造**であり、果てしなく広がっています。

熱硬化性樹脂は「人形焼の原理」で加工する

　ところで、熱硬化性樹脂は加熱しても軟らかくなりません。このようなものをどうやって加工・成形するのでしょうか？　まさか木材のように切ったり削ったりするわけではないでしょう。

簡単です。**熱硬化性樹脂の合成反応を、反応の途中で停止する**のです。この状態のものはまだ熱硬化性樹脂になっていないので、軟らかい泥状です。これを型の中に入れて加熱して反応を進行させます。すると、型の通りの製品ができあがるというわけです。小麦粉を溶いたものを型に入れ、焼き上げて人形焼やお煎餅にするのと同じ原理です。

●フェノール樹脂の生成

フェノール + ホルムアルデヒド　→（加熱）→　中間生成物　→（$-H_2O$）→

フェノール樹脂の分子構造は三次元の網目構造が果てしなく広がる

なぜシックハウス症候群は新築の家に集中するのか？

熱硬化性樹脂にはフェノール樹脂のほかに、尿素（ウレア）を用いた**ウレア樹脂**、メラミンを用いた**メラミン樹脂**などがあります

が、いずれもそのほかの原料としてホルムアルデヒドを用います。これは先に見たように、非常に毒性の強い物質です。

　化学反応の原料分子は、反応の後はまったく別の分子に生まれ変わります。ですから、反応前にいかに毒性が強かろうと、反応後はまったくの無毒になります。したがって、原料としてホルムアルデヒドを用いても問題はないはずなのですが、残念ながら、化学反応は100％完全に進行することはありません。

　たとえppm濃度（100万分のいくらかというわずかな濃度）でも、原料が残ります。熱硬化性樹脂は合板の接着剤にも用いられます。このような熱硬化性樹脂から、未反応のホルムアルデヒドが空気中に浸み出して、シックハウス症候群を引き起こすのです。被害が新築の家に集中するのは、古い家ではホルムアルデヒドが出尽くしているからです。

Column7　プラスチックの生産量

　1年間に世界中で生産されるプラスチックの量は、2億8,000万トン（2012年）です。日本は1,052万トンですから、思ったほど多くはないのかもしれません。1人あたりの使用量を見てみると、日本では、1980年には50kgだったのが、約30年後の2012年には75kgと1.5倍に増えています。家庭の日常品がいかにプラスチックになっていたかが、よくわかります。

参考：日本プラスチック工業連盟ウェブサイト

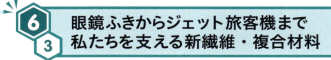

6-3 眼鏡ふきからジェット旅客機まで 私たちを支える新繊維・複合材料

　図はプラスチックの構造を拡大・模式化したものです。たくさんの「ひも状」分子が絡まり合っていますが、ところどころに束ねられたようになった部分があります。この部分を**結晶性部分**、それ以外を**非晶性部分**といいます。

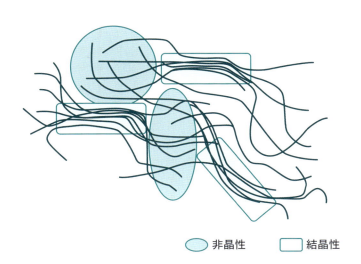

◎「合成繊維」は化学的にはプラスチックと同じ

　非晶性部分は隙間だらけなので、水分子や酸素分子あるいは匂い分子などが浸み込んだり、通過したりします。これは匂い漏れや品質劣化の原因になります。それに対して結晶性部分は、ほかの分子が入り込むこともなく、また、毛利元就の3本の矢のたとえのように、機械的にも強固です。

「プラスチック全体を結晶性にすることはできないか？」。このような発想でつくられたのが**合成繊維**です。つくり方は簡単です。加熱して液体状になった熱可塑性樹脂を、細いノズルから押し出します。この樹脂を大きなロールに巻きつけて高速で回転させるのです。高分子鎖の集合体は引っ張られて一方向にそろいます。

●合成繊維のつくり方

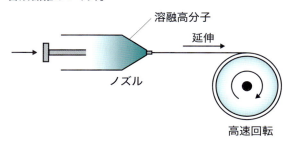

このようにしてつくったのが合成繊維です。ですから、プラスチックと合成繊維は化学的に見れば同じものです。**違いは分子の集合状態だけ**です。PETはプラスチックの状態ではペットと呼ばれますが、繊維になるとポリエステル繊維と呼ばれます。ペットボトルに熱湯を入れれば軟らかくなりますが、ポリエステル繊維はアイロン掛けにも耐えます。

眼鏡ふきや合成スウェードなどに使われる繊維に、非常に細い**極細繊維**と呼ばれるものがあります。これは金太郎飴の原理でつくります。たとえばナイロンと、ナイロンに混じらず溶媒に溶ける樹脂を混ぜて溶かし、これで合成繊維をつくります。その後、繊維を溶媒に漬けると、ナイロン以外の部分が溶けて、極細のナイロン繊維部分だけが残るという寸法です。

● 極細繊維のつくり方

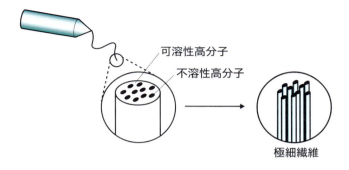

可溶性高分子
不溶性高分子
極細繊維

異なる素材を組み合わせた「複合材料」

　異なる素材を合わせてつくった新素材を**複合材料**といいます。セメントと鉄筋を合体させた鉄筋コンクリートのようなものです。圧縮には強いけれども引っ張りに弱いセメントと、その反対の性質をもつ鉄筋を合わせた鉄筋コンクリートは、圧縮にも引っ張りにも強い素材として、建築には欠かせません。

　現代の複合材料は、繊維状の素材を熱硬化性樹脂で固めたものが大部分です。繊維状素材としては**ガラス繊維**がよく用いられます。このようにしてつくった**グラスファイバー**は釣ざお、風呂桶、小型船舶など、多くの分野で使われています。金属を繊維状にして固めたものもあります。

▶ 日本が誇る「炭素繊維」は軽くて強い！

　最近注目を集めているのは**炭素繊維強化プラスチック**です。炭素繊維というのは日本が独自技術で開発したもので、世界に誇る技術です。炭素繊維は炭素原子だけでできた繊維であり、その構造は、**2-3で見たグラフェンを裂いてつくった細長いリボン**と考えればよいでしょう。炭素繊維は比重が鉄の4分の1ながら、機

械的強度は鉄の10倍、その上、導電性があるという優れた素材です。

しかし、炭素繊維がそのまま使われることはありません。炭素繊維を織物にし、それを積み重ねて熱硬化性樹脂で固めたものが炭素繊維強化プラスチックであり、一般に炭素繊維という場合にはこれを指します。

▶異方性やリサイクルが難しいのが今後の課題

軽くて強い炭素繊維は特に航空機の機体に最適であり、2011年に就航した旅客機のボーイング787は、機体重量の50％以上が炭素繊維でつくられています。炭素繊維は戦闘機などの軍用機にも欠かせない素材なので、輸出には軍事物質並みの規制が掛かっています。

軽量で丈夫な炭素繊維は省エネにもつながります。もし日本のすべての航空機や自動車に炭素繊維が用いられれば、軽量化によって燃費が向上し、排出する二酸化炭素の削減量は2200万トンに上るといわれます。これは2016年の日本の総排出量（12億トン）の1.8％に相当します。

炭素繊維にも弱点がないわけではありません。それは**材質の性質が方向によって違う（異方性）**ことです。このため、実際に使う場合には**独特のノウハウ**があるといいます。

また、これは複合素材すべてにいえることですが、複数種類の素材が分離不可能な状態で混じるため、**リサイクルが難しい**ということです。

炭素繊維が初めて釣ざおに応用されたころ、長いさおを担いで釣り場を移動するときに、さおの先が高圧線に触れて感電する事故が起きました。炭素繊維の導電性が招いた事故でした。

特殊能力をもった驚くべきプラスチック

プラスチックはラップやバケツ、オカズ入れ、あるいは家電製品の外装など、単純な用途に使われることが多いです。しかし、最近のプラスチックは、単純な素材としての用途を超えるものが現れています。プラスチックとは思えない性質、人間の役に立つ特殊機能をもった高分子を、特に**機能性高分子**といいます。いくつかの例を見てみましょう。

高吸水性高分子〜紙オムツなど

紙オムツなどの吸水部分に使われるのが**高吸水性高分子**です。紙や布などの天然高分子（セルロース、タンパク質など）でできた織物も水を吸いますが、高吸水性高分子の吸水力は断トツです。ナント自重の1000倍もの重さの水を吸収できるといいます。

その秘密はこの高分子の分子構造にあります。この高分子は鎖状の構造ではなく、**緩い三次元網目構造**となっています。そのため、一度吸収された水分子は網目構造に閉じ込められ、逃げ出せなくなります。

それだけではありません。網をつくる繊維状の分子には多くの原子団COONaがついています。高分子が水を吸うと、この原子団が分解して、COO^-という陰イオン部分とNa^+という陽イオン部分に分かれます（電離）。すると、COO^-部分同士の間に**静電反発**が起こって網が広がります。この結果、さらに水を吸収・保持できることになります。

このように、押して引っ張るような形で、ぐんぐん水を吸収していくのです。

高吸水性高分子を砂漠に埋め、その上に植樹すると、給水間隔を延ばせます。また、スコールの水をためておくこともできます。このように砂漠の緑化にも役立っています。

● 紙オムツの仕組み

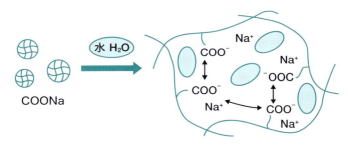

水H_2Oを吸収すると、COONaがCOO^-とNa^+に分かれて静電反発が起き、三次元網目構造が広がる

導電性高分子〜白川英樹博士がノーベル賞を受賞

私が学生のころ、「有機化合物が電気を通す」などというと笑われたものです。それが現在では、ただ電気を通すだけでなく、**超電導性をもつ有機物**まで開発されているのです。わずか40〜50年の間に、化学は大きく進歩・発展しました。

▶ 電気を通す（！）プラスチック「ポリアセチレン」

2000年にノーベル化学賞を受賞した白川英樹博士の業績は、電気を通すプラスチック、**導電性高分子**を発明したことでした。導電性高分子の分子構造はポリエチレンによく似たもので、**ポリアセチレン**といわれます。

ポリアセチレンの原料はアセチレンであり、三重結合をもっています。そのため、二重結合をもつエチレンと同じように、高分子化すると二重結合が残ります。その結果、一重結合と二重結合が交互に並んだ結合ができます。このような結合を特に**共役二重結合**といいます。共役二重結合は特殊な性質をもち、この結合をつくる電子は、分子全体に広がり、動きやすいのです。

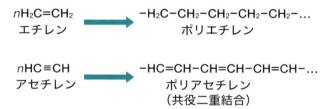

エチレンを原料とするポリエチレンは絶縁体。アセチレンを原料とするポリアセチレンは伝導体かと思われたが、絶縁体だった

　ところで、電流というのは何でしょう？　電流は電子の流れです。電子が動きやすい素材が伝導体で、流れにくい素材が絶縁体です。してみれば、ポリアセチレンは電気を流す伝導体なのではないでしょうか？　ところが、合成されたポリアセチレンは、まったく電気を流さない絶縁体でした。

▶「電子の間引き」で金属並みの導電性を実現

　研究の結果、ポリアセチレンが電気を流さないのは、電子が多すぎるためであることがわかりました。高速道路が渋滞するのは自動車が多すぎることと似た原因です。渋滞を解消するにはどうすればよいか？　自動車を間引いて少なくすればよいのです。

　そこでポリアセチレンに、電子を吸引する性質のある分子、ヨ

ウ素 I_2 を少量加えました（ドーピング）。たったこれだけのことで、ポリアセチレンは**金属並みの導電性**を獲得したのです。

導電性高分子は、ATMなど多くの用途に使われています。

「イオン交換高分子」は海水を真水にできる

物質の中には**イオン**が組み合わさってできているものがあります。食塩（塩化ナトリウム）NaClはその典型です。これはNa^+という陽イオンとCl^-という陰イオンが組み合わさった物質です。

高分子の中には、イオンをほかのイオンに置き換えるものがあります。**陽イオン交換樹脂**は、任意の陽イオンを水素イオンH^+に置き換えることができます。また**陰イオン交換樹脂**は、任意の陰イオンを水酸化物イオンOH^-に置き換えることができます。

この2種類のイオン交換樹脂を適当な管に入れ、上から海水を注いだらどうなるでしょう？　海水中のNa^+はH^+に、Cl^-はOH^-に置き換えられます。つまり、**NaClがH_2Oに置き換えられる**のです。これは、**食塩を含んだ海水が真水になる**ことを意味します。しかも、この淡水化装置には熱も電気も必要ありません。上から海水を入れれば、下から真水が流れ落ちるのです。ただし、淡水化できる水量には限りがあります。樹脂に含まれるH^+、OH^-を使い切ってしまったらそれまでです。そうなったら、樹脂にOH^-とH^+を加えて再生する必要があります。

微生物に分解される「生分解性高分子」

プラスチックは便利なものですが、環境を汚染する厄介なものでもあります。丈夫なことは利点でもありますが、不要になって投棄したプラスチックがいつまでも環境に留まるのは困ったことです。最近では、プラスチックが破砕されて直径1mm以下の細

かい微粒子となった**マイクロプラスチック**の害が指摘されています。これは小動物の消化管をふさぐほか、動物の体内で分解・吸収されて化学的な害を及ぼすというのです。このような害を防ぐ目的で開発されたのが**生分解性高分子**です。これは環境中で微生物によって分解される高分子のことです。

　面倒なことをいわなくても、セルロースやタンパク質などの天然高分子は、すべて微生物に分解される生分解性高分子です。しかし、化学者が考える生分解性高分子は少々異なります。それは**乳酸などを単位分子とした高分子**です。このような高分子は生理食塩水中に放置すると、数週間から数カ月で分解されて半減します。

　このような高分子は、当然ですが耐久性が低いので、用途は限られます。溶液状のものを長期間保管するようなことはできません。しかし、ストローや使い捨てコップ、カップ麺の容器などなら問題はないでしょう。

　このような高分子ならではの用途もあります。それは手術の縫合糸です。内臓手術の場合は、手術後しばらくたってから、抜糸のための再手術が必要です。しかし、生分解性高分子でつくった糸ならば、体内で分解・吸収されてしまうため、再手術は不要となるのです。

◯ 歯科治療で活躍する「光硬化性高分子」

　多くの場合、有機化合物を反応させるためには、外部からエネルギーを与える必要があります。通常、このエネルギーは**熱エネルギー**として与えられます。しかし反応の中には、**光エネルギー**で進行するものもあります。その1つに、2個の二重結合が付加して4員環になる反応があります。

この反応を利用したのが**光硬化性高分子**であり、虫歯治療などに利用されます。

　鎖状構造の適当なところに二重結合をもった高分子をつくります。これは熱可塑性高分子であり、暖めれば軟らかい液体となって虫歯の穴に浸み込みます。これに光を当てると、二重結合の部分で接合して網目構造の高分子になります。これは先に見た熱硬化性高分子と同じ構造です。つまり、虫歯の穴のとおりの形になって、強固な固体となるのです。

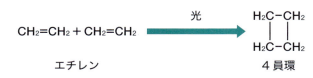

光硬化性高分子。歯科治療などで用いられる

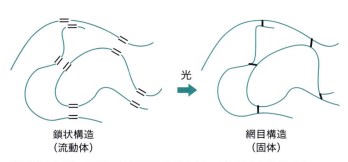

鎖状構造の流動体に光を当てると網目構造の固体になり、虫歯の穴の形どおりになる

第Ⅲ部

未来を拓く炭素王国

第7章
エネルギーを支配する炭素王国

炭素は物質をつくるだけではありません。エネルギーをもつくり出します。人類はこのエネルギーを用いて現在の文明を築き上げてきました。しかし、エネルギーには枯渇という問題がついて回ります。

バイオエネルギーの源は生命体

　現代社会はエネルギーの上に成り立っています。飛行機や自動車は石油のエネルギーで動きますし、パソコンは電気エネルギーで動きます。その電気エネルギーも、多くは発電所で石炭、石油、天然ガスなどの化石燃料を燃焼してつくります。つまり、**現代社会を支えるエネルギーの大部分は炭素によって供給されている**のです。

　このようなエネルギーのうち、植物、動物、微生物などの生体によって生産されるものを特に**バイオエネルギー**といいます。

木材を燃やしたエネルギーは再生可能

　歴史の黎明期のころ、人類が経験した熱エネルギーは、太陽熱を除けば、火山の噴火や山火事で燃えた木材の燃焼熱だったのではないでしょうか？　以来、長い間、人類は植物を燃料として熱エネルギーを獲得してきました。枯れ木や流木を拾い、樹木を切り倒して薪として利用しました。風力や水力、動物の力など、自然エネルギーを除けば、人類が制御できるエネルギーはこの**熱エネルギー**だけだったのです。

　人類は木材、すなわち**炭素をエネルギー源**として長い間、文明を維持してきました。近年になって、植物や動物の油脂を燃やしてランプや行燈として明かりにすることを学びましたが、油脂も炭素の化合物です。

　有機化合物の集合体である植物は、燃えると二酸化炭素CO_2になりますが、次世代の植物はこの二酸化炭素を用いて、光合成によって育ちます。したがって、植物、木材を燃やすことは、木材

を再生産することになります。この**再生産可能なことが、木材をはじめとしたバイオエネルギーの最大の特徴**なのです。

それに対して、化石燃料から出た二酸化炭素を用いて育ち、植物となって木材に再生産する当時の植物は、もう地球上には存在しません。つまり、化石燃料は使ったらおしまいです。再生産されないのです。化石資源はいずれ枯渇します。

微生物の力を使う「バイオマスエネルギー」

微生物の力を用いて生産した燃料を、一般に**バイオマスエネルギー**といいます。

▶バイオエタノール〜穀物を発酵させエタノールを蒸留

バイオエタノールの生産は、技術的にはとうの昔に完成された技術を、燃料の見地から再検討し、改良したものといえるでしょう。つまり、トウモロコシなどの穀物を、酵母菌を利用してアルコール発酵し、エタノール分だけを蒸留で取り出したものがバイオエタノールなのです。

現在は石油で動かしている内燃機関を、このエタノールを用いて動かそうというものです。問題はコストと倫理です。バイオエタノールを使って、単位エネルギーあたりのコストを、石油のレベルまでもっていくのは難しいようです。倫理面というのは、「多くの人の重要な食料であるべきはずの穀物を、石油の代替物に転化してよいのか？」という問題です。

酵母はデンプンを直接アルコール発酵することはできません。デンプンを分解してできるグルコースをアルコール発酵します。このデンプン分解のために、日本酒は**麹菌**を用いますし、ビール、ウイスキーは**麦芽の酵素**を用います。

グルコースはセルロースからも得ることができます。すべての草

食動物はそのようにして、セルロースを食料にしています。微生物の中にもそのようなものがいます。

つまり、セルロースを分解する微生物を利用してグルコースをつくり、それをアルコール発酵すればよいのですが、適当な菌がなかなか見つからないようです。

▶ バイオガスエネルギー〜廃棄物を利用できる

バイオガスエネルギーは、微生物を利用してガス燃料を得る技術です。現在、実用化されているのは、有機物をメタン菌による嫌気発酵によって発酵させ、**メタンガス**を生成するものです。原料には下水や生ごみなど、各種の廃棄物を利用できるので、バイオエタノールより資源の制約が少ないという利点があります。

設備も簡単であり、既存の処理施設を改造するなど、比較的少ない投資で実現可能です。メタンガスは、下水処理施設などで自然発生します。メタンガスは温室効果ガスであり、その効果は二酸化炭素のおよそ20倍もあります。空気中に放出されたメタンガスは地球温暖化の原因ともなっています。燃料として有効利用することは一石二鳥となります。

メタンでなく、**水素ガス**を発生させようという試みもあります。シロアリの消化器官内にいる共生菌の中には、水素を生成する菌がいることが確認されています。シロアリも役に立つことがあるようです。

化石燃料のエネルギー
～石炭、石油、天然ガス

　植物をはじめとした生物は、枯れたり、死んだりして地中に埋もれると、地圧と地熱によって変性します。このようにしてできたとされるのが**化石燃料**であり、**石炭、石油、天然ガス**が代表的なものです。

　現在、埋蔵量が知られている化石燃料を今のペースで使っていったら、あと何年もつか？　これを**可採埋蔵量**といいます。いろいろな試算がありますが、石炭がおよそ120年、石油、天然ガスがおよそ35年といわれています。原子力発電の燃料である**ウラン**にも可採埋蔵量があり、それはおよそ100年です。現在、主流の考えでは、すべての燃料に資源枯渇が待っているのです。

◎石炭～液化、気化する技術もある

　人類はかなり早い段階から燃える石（石炭）、燃える水（石油）を知っていたようですが、それをエネルギー源として積極的に用いるようになったのは18世紀の**産業革命**のころからでした。このころに積極的に利用されたのは石炭であり、石炭から得られる強い火力、エネルギーが産業革命を推し進めたのでした。

　石炭が人類に貢献したのはエネルギー供給のほかに、**鉄**の供給という面もありました。鉄は金などの貴金属と違って、純粋な金属として産出することはありません。すべて酸素と結合した酸化鉄として産出します。したがって酸化鉄から鉄を得るには、酸素を除かなければなりません。つまり還元です。この還元剤として炭素を用いるのですが、そのためには石炭が便利だったのです。

　その後、液体化石燃料である石油、気体化石燃料の天然ガスが

普及すると、固体の石炭は使いにくく、一時、敬遠されました。しかし、可採埋蔵量が多いことから見直され、現在は**石炭を液化、気化する技術**も開発されています。

💠 石油～「なくなる」「なくなる」といわれ続けているが

石油は液体なので、使い勝手のよい化石燃料として大量に採掘、使用されています。そのため、可採埋蔵量は少なく、35年ほどといわれます。しかし、1973年の石油ショックのときにも、可採埋蔵量は30年ほどと叫ばれました。以来45年、石油は枯渇していません。新しい油田が発見され、採掘技術が進歩し、省エネが浸透したのがその理由です。

▶ 石油の生物起源説と無機起源説

私たちは、小学校の昔から、「石油は地中に埋もれた生物の遺骸が分解してできた化石燃料である」と教えられ、そのように信じています。しかし実は、石油の成因についてはいろいろな説があります。

石油を化石燃料とする説は**生物起源説**といわれ、主に旧西側諸国で支持されているといいます。それに対して旧東側諸国は、石油は地中で現在も生産され続けているとする**無機起源説**をとっています。無機起源説は、周期表で有名なドミトリ・メンデレーエフが唱え出したもので、かなり古い説です。しかし、今世紀に入って米国の有名な天文学者トーマス・ゴールドが唱えてから、にわかに注目を集めました。

▶ 本当なら石油の量は無尽蔵か!?

ゴールドによると、惑星ができるときには中心に大量の炭化水素が閉じ込められるというのです。この炭化水素の一部がダイヤモンドになった可能性があることは2-1で述べました。石油はこ

のような炭化水素が比重の関係でわき上がるときに、地圧と地熱の変性を受けてできたものだというのです。

一度枯渇した油田に石油が戻ってくる現象もあるそうです。生物が埋蔵されたとは考えられないほどの大深度にある石油もあります。油田の存在地帯と過去の生物生存地帯は異なっているという説もあります。生物起源説では説明できない現象がいろいろとあるようです。

無機起源説の重要な点は、この説に従えば、石油の埋蔵量はほとんど無尽蔵と考えられることです。可採埋蔵量などという言葉は吹っ飛んでしまいます。石油価格を牛耳る中東の立場は低下するでしょう。旧西側諸国の経済体制は見直しを迫られるでしょう。いろいろな問題が噴出します。石油の問題は科学だけでは律しきれない側面があるようです。

石油にはこのほかに**細菌起源説**もあります。千葉県で発見されたある種の細菌は、二酸化炭素を原料として石油を生産するといいます。これは実験で確かめられているので間違いありません。テストプラントで生産も始められています。問題はコストです。

石油がどのようにして生産されたのか、いずれ真相が明らかになるのでしょう。

天然ガス〜不純物が少ない「きれいな燃料」

一般に**天然ガス**は石油のような生物起源と考えられていますが、地中の無機炭素からできたとする説もあります。

天然ガスの主成分はメタン CH_4 であり、その他にエタン CH_3CH_3 やプロパン $CH_3CH_2CH_3$ などを含みますが、その量は産地によって異なります。日本の都市ガスは基本的に天然ガスで、成分は90％以上がメタンです。

石油と違って天然ガスには、窒素Nや硫黄Sなどの不純物成分が少ないので、燃焼にともなう窒素酸化物NOx（ノックス）や硫黄酸化物SOx（ソックス）排出量が少なく、きれいな燃料といえるでしょう。

炭化水素だけでさまざまな物質がある

天然ガスの主成分はメタンCH_4で、炭素数は1個です。そこに含まれる不純物のエタンCH_3CH_3、プロパン$CH_3CH_2CH_3$、ブタン$CH_3(CH_2)_2CH_3$は、それぞれ炭素数が2、3、4個です。

石油（原油）は基本的に炭化水素ですが、多くの成分が含まれるので、蒸留によって分けて用います。炭素数およそ5～10個程度のものはガソリン、10～20個程度のものは軽油、17個以上のものは重油で、これらは液体です。

炭素数が20個以上になると固体となり、パラフィンと呼ばれます。炭素数が1万個と多くなったものがポリエチレンで、硬い固体です。

このように、ガス（メタン、エタン、プロパン、ブタン）、ガソリン、軽油、重油、パラフィン、ポリエチレンなどは、名前も形状も性質も大きく異なりますが、すべて炭素と水素だけからできた炭化水素なのです。炭化水素だけでこれだけの種類の物質があるのです。炭素王国の多様性がよくわかるというものです。

注目を集める「新しい」化石燃料

石炭、石油、天然ガスという旧来の化石燃料の枯渇が問題になる中、新しいタイプの化石燃料に注目が集まっています。

燃える氷「メタンハイドレート」

シャーベットのように白い固体ですが、火をつけると青い炎を出して燃えます。**メタンハイドレート**の"ハイドレート"は"水和"すなわち、水と結合したことを意味します。メタンは天然ガスの主成分のメタンです。つまりメタンハイドレートは、水とメタンガスが結合したものです。メタンハイドレートの分子構造は下図の

● メタンハイドレートの分子構造

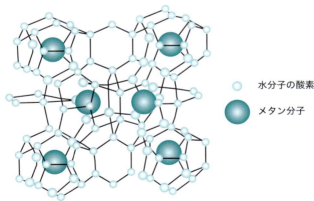

水分子の酸素

メタン分子

「籠」（かご）の中にメタン分子が入っている。「籠」は水分子がつながってつくられたものである。つまり、メタンハイドレートは複数個の分子が集まってつくられた高次構造体であり、超分子の典型である。実際には多くの「籠」が一辺を共有してつながっているので、メタン1個あたりの水分子数は15個ほどである

ようなものです。

　火をつけると燃えるのはメタンだけであり、水は燃えません。水蒸気になって揮発するだけです。もし、メタンハイドレートそのものを石油ストーブに入れて燃やしたら大変なことになります。大量の水蒸気が室内に満ち、ガラスで冷やされて結露します。普通のメタン1分子を燃やすと、出てくる水分子は2個です。しかし、メタンハイドレートの場合には2 + 15 = 17個、8倍以上です。その量たるや、露などという言葉では済まないのではないでしょうか？

　メタンハイドレートは海底にあります。大陸棚(だな)の周辺、深度200〜1000mほどのところに雪のように積もっているといいます。採取するときには分解してメタンだけを取り出します。ただし、水分子でできた籠はそのままにして、中に入っているメタンだけを二酸化炭素に置き換えることも可能といいます。それが可能なら、メタンを取り出して燃やしてエネルギーを得、生じた二酸化炭素は元の籠に戻すという、夢のようなことも可能となりそうです。

　日本では渥美半島(愛知県)の沖合で、試掘が行われています。世界初の試みです。

◯ 技術の進歩で採掘可能になった「シェールガス」

　シェールガスは"シェール"ガスです。"シェル(貝殻)"ガスではありません。"シェール"は岩石の一種で、日本語で**頁岩**(けつがん)といいます。"頁"は「ページ」を意味しますが、その名前の通り、頁岩は堆積岩で、薄い岩石の層が積み重なったものであり、その間に天然ガスが浸み込んでいるのです。

　シェールガスの存在は昔から知られていましたが、問題はその深さでした。地下2000〜3000mなのです。容易に掘れるもので

はありません。シェールガスを採掘する技術が確立したのはようやく今世紀に入ってからです。斜めに坑道を掘る技術が確立したのです。しかしそこからが問題です。この坑道に化学薬品混じりの高圧水を注入し、頁岩層を崩して、出てきた天然ガスを吸い取るというのです。

相当の環境破壊が想定されます。実際、小さい地震の頻発、高圧水に使う地下水をくみ上げることによる地盤沈下、化学薬品による地下水の汚染などが起こったといわれています。しかも、頁岩に吸収されたガスに流動性はありません。坑道を掘っても、取り出せるガスはその周辺に限られます。1本の坑道が使われるのは数年の間だけといいます。

いろいろ問題はあるものの、シェールガスの威力は大きいものでした。米国の天然ガスの値段は大きく下がりました。しかし、その後は既存の天然ガスとの価格競争が起き、設備費のかさむシェールガスは苦境に立っているとの話も聞こえてきます。

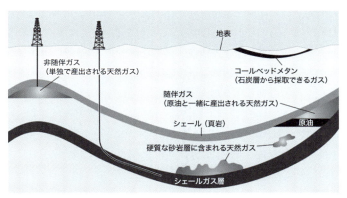

シェールガス層へパイプを水平に入れ、ガスを採掘する

出展：U.S. Energy Information Administration

◎ 商用化が始まった「シェールオイル」

シェールオイルはシェールガスと同じように、頁岩に吸着されたオイルです。採掘方法はシェールガスと同じで、同じ坑道からガスとオイルの両方が採取されることもあります。オイルだけの頁岩は浅いところにあることもあり、中には露天掘りできるところもあります。

ただし、シェールオイルのオイルは石油ではありません。石油になる前の**ケロジェン（油母）**と呼ばれるもので、これを石油にするためには400～500℃に加熱する必要があります。

すでに商業ベースでの採掘が始まっていますが、環境問題に配慮する必要があるでしょう。

◎ オイルサンド、コールベッドメタンの可能性

シェールガスやシェールオイルに似たものに、**オイルサンド**と**コールベッドメタン**があります。

オイルサンドは砂岩に浸みこんだ油のことをいいます。この油は石油のうち、揮発成分が除かれた残り、つまり、重油やピッチに相当するものです。したがって、これを石油として利用するには、熱分解などの化学操作が必要になります。つまり、コストがかさみ、環境問題が起こるかもしれません。ただし、埋蔵量は膨大で、原油の埋蔵量を超えます。

コールベッドメタンは石炭層に浸みこんだ天然ガス、つまりメタンです。日本の炭鉱に存在するコールベッドメタンの埋蔵量は、日本の天然ガスの可採埋蔵量に匹敵するといわれます。

とてつもない威力を誇る有機化合物「爆薬」

爆薬は大量のエネルギーを一気に放出する有機化合物です。爆薬は爆弾や戦争のイメージと重なり、危険で物騒というイメージがありますが、爆薬がなければ花火大会はできず、パナマ運河も完成せず、自動車のエアバッグも膨らまないのです。

爆薬の原理と爆発との関係

爆発にはいろいろな種類があります。風船の爆発は、容器の中に許容限度以上の体積の気体が入って、容器が耐えられずに壊れたものです。

火山で起こる水蒸気爆発は、地下水に高温のマグマが接触して、水が急激に水蒸気になって体積が増加することによる爆発です。天ぷら鍋に水を入れるようなものです。

水素ガスの爆発は、可燃性気体に火がつき、そのエネルギーで気体が急速に膨張するものです。

これらの爆発に対して、爆薬の爆発は、燃料の急速な燃焼と見ることができます。燃焼には酸素が必要です。爆薬の周辺には空気があり、空気の5分の1は酸素ですが、爆発のような急速な反応には、空気中の酸素では間に合いません。そのためには、燃料自体の中に酸素を入れておくことが必要になります。

このような目的にふさわしい原子団が**ニトロ基NO_2**と呼ばれる置換基です。ニトロ基の中には2個の酸素があります。この酸素を燃焼に使うのです。ニトロ基の個数は多いほどよいということになりますが、あまり多いと爆薬自体が不安定となり、危険で実用になりません。

◇ トリニトロトルエンと下瀬火薬

このような見地から開発されたのが、**ベンゼン環にニトロ基を導入した爆薬**でした。

▶ トリニトロトルエンTNT～「TNT換算で……」といわれるアレ

TNTは、溶剤に使われる化合物トルエンに硝酸HNO_3と硫酸H_2SO_4を反応させたものです。TNTは黄色い結晶（粉末）ですが、融点が80.1℃と低いため、液体状態で砲弾に詰められるので、取り扱いが楽です。

TNTは現代火薬の典型であり、すべての火薬の爆発力の基準として用いられます。つまり、「その火薬1gと同じ爆発力をTNTで得ようとしたら、TNTは何g必要か」ということです。水素爆弾の爆発力は何メガトンとメガトン単位で表されますが、1メガトンはTNT100万トンに相当する爆発力ということになります。

▶ 下瀬火薬～これがなければ日露戦争で負けていた？

TNTがドイツで開発されたのは1863年と意外に遅く、しかも当初は爆薬と認識されず、黄色の染料として扱われたといいます。

日露戦争当時（1904～1905年）、爆薬は現代のようなものではありませんでした。ロシアのバルチック艦隊が用いていた火薬は旧式の**黒色火薬**でした。これは木炭粉（炭素C）や硫黄Sを燃料とし、硝石（硝酸カリウムKNO_3）を酸素源とする爆薬で、花火に用いるものと同じです。

それに対して日本軍が用いたのは**下瀬火薬**と呼ばれるもので、これは**ピクリン酸**でした。ピクリン酸はTNTのメチル基CH_3をヒドロキシ基OHに換えたもので、酸素供給力はTNTより上です。その分、爆発力もTNTより上です。

黒色火薬とピクリン酸では勝負になりません。日本海軍はロシア海軍に壊滅的な打撃を与え、日露戦争に勝利できました。こ

のようにピクリン酸は大きな爆発力をもっているのですが、致命的な欠点もありました。

それは、下瀬火薬がピクリン"酸"と呼ばれるように、酸性物質であることです。酸性物質と鉄が触れ合えば、鉄が酸化して脆弱化します。砲弾でこれが起これば、**砲弾は発射の衝撃によって銃身内で自爆**します。日本軍はそれを防ぐために砲弾内部に漆を塗るなどしましたが、爆発事故を十分に食い止めることはできませんでした。このようなことがあって、爆薬はTNTに移行し、現代に至っているのです。

トルエン　　硝酸 HNO_3 ／硫酸 H_2SO_4　→　トリニトロトルエン (TNT)

ピクリン酸

トルエンに硝酸HNO_3と硫酸H_2SO_4を反応させたものがトリニトロトルエン(TNT)。現代の代表的な火薬である。ピクリン酸(下瀬火薬)はTNTよりも強力だが、取り扱いが難しかった

◯ ダイナマイト〜ノーベル賞の賞金の原資

　鉱山や土木工事で用いられる爆薬の多くは**ダイナマイト**です。これは**ニトログリセリン**を用いたものです。ニトログリセリンは、油脂を加水分解して得られるグリセリンに硝酸と硫酸を作用させて得られる黄色の液体で、水より重いです。爆発力は強力ですが、非常に不安定であり、ちょっとした衝撃でも爆発してしまいます。これでは危険で、いじることができません。

　アルフレッド・ノーベルは、ニトログリセリンを珪藻土に浸み込ませると、安定した爆発力の強い爆薬になることを発見しました。このようにしてできたのがダイナマイトです。ノーベルがダイナマイトの特許を得たのは1867年のことでした。

　ダイナマイトの需要はものすごく、ノーベルは巨万の富を得ました。その利子で運用されているのがノーベル賞ということはご存じの通りです。

　ニトログリセリンは爆薬としてだけでなく、**狭心症の特効薬**としても知られています。かつて、ダイナマイトの製造工場で働く工員の中に狭心症の持病をもつ人がいたのだそうです。彼は家ではときどき発作を起こすのですが、工場で起こしたことはありませんでした。そのことがきっかけになって、ニトログリセリンの効果が発見されたといいます。

　その科学的解明は後になって行われました。ニトログリセリンが体内に入ると、分解して**一酸化窒素NO**になります。これが血管を拡大する働きがあるのです。このことを発見した米国の医学者には1998年にノーベル生理学・医学賞が贈られました。1901年に創設されたノーベル賞のほぼ100年目に、ノーベル賞の基になったニトログリセリンの研究に賞が贈られたということで話題になりました。

$$\text{グリセリン} \quad \begin{array}{l} CH_2-OH \\ | \\ CH\ -OH \\ | \\ CH_2-OH \end{array} \quad \xrightarrow{\text{硝酸 }HNO_3 \text{ / 硫酸 }H_2SO_4} \quad \begin{array}{l} CH_2-O-NO_2 \\ | \\ CH\ -O-NO_2 \\ | \\ CH_2-O-NO_2 \end{array} \quad \text{ニトログリセリン}$$

パナマ運河の建設に貢献したダイナマイト

爆薬は戦争に使われるだけではありません。平和的な、建設的な目的でも使われています。鉱山の採掘は爆薬なしには行えないでしょう。

世界の2大運河のうち、スエズ運河ができたのは1869年のことです。ダイナマイトはまだ一般化していませんでした。人力で掘ったのでしょう。

その後、20世紀になってからパナマ運河建設の計画がもち上がりました。技術監督はスエズ運河を完成させたフェルディナン・ド・レセップスでした。

しかし、失敗しました。理由の1つは南米に特有の病気、特に**黄熱病**であったといいます。高温と病気蔓延の環境下で、人力で掘り進むのには限界があったのでしょう。失敗に終わった7年の工事期間中に、伝染病で亡くなった人は22,000人に上ったといわれます。

その後、工事は再開され、ようやく1914年にパナマ運河が完成したのは、伝染病対策の進歩とダイナマイト使用のおかげといわれています。

7-5 太陽の光エネルギーを使う「有機太陽電池」

　ここまで見てきたエネルギーはすべて、高エネルギー状態の炭素あるいは有機化合物を化学反応させて、二酸化炭素などの低エネルギー物質に変化させ、その間のエネルギー差を利用するものでした。ここで見る**有機太陽電池**は、そのようなものとはまったく異なります。炭素も有機化合物も何ら変化することはありません。有機化合物の電子が、太陽の光エネルギーを利用して循環するだけです。

◎ そもそも太陽電池はどんな原理？

　太陽電池は例外を除けば、無機物のケイ素（シリコン）Siを利用したシリコン太陽電池です。ところが最近、有機化合物でできた有機太陽電池が登場してきました。

　有機太陽電池の原理を見る前に、シリコン太陽電池を例に、太陽電池の原理を見ておきましょう。

　太陽電池は**半導体**を利用します。半導体とは、導体と絶縁体の中間の電導度をもつ物質です。半導体の典型は元素からできた半導体、すなわち元素半導体のシリコンです。しかしシリコンは電導度が小さすぎて、太陽電池には向きません。そこでシリコンに少量の不純物を混ぜて改質します。このようにして人為的につくった半導体を一般に**不純物半導体**といいます。

　シリコンにリンPを混ぜると、電子の多い**n型半導体**となり、ホウ素Bを混ぜると電子の少ない**p型半導体**となります。シリコン太陽電池はこの2種の半導体を2枚の電極でサンドイッチしたものです。ただし、n型半導体の上の電極は、光を通す必要があ

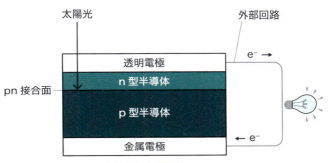

太陽光は透明電極を通過し、非常に薄くて透明なn型半導体をも通過し、両半導体の合わせ目であるpn接合面に達する。すると接合面の電子が光エネルギーを受け取り、高エネルギー状態となって運動を開始する。電子はn型半導体を通過して透明電極に達し、外部回路に入って、そこを通って金属電極に入り、p型半導体を通って元のpn接合面に戻る。その間、外部回路に電球がつながっていたら、それにエネルギーを与えて点灯させる。これが太陽電池の原理である

るので透明電極としておきます。

　これで太陽電池は完成です。動く部分は何もありません。燃料もありません。陶磁器の板のようなものです。燃料の補給はもちろん、補修や修理もほとんど必要ありません。ときどき表面の汚れを掃除するくらいです。

◯ 半導体がシリコンではなく有機化合物なのが有機太陽電池

　有機太陽電池の発電原理はこれとまったく同じです。違いは**半導体がシリコン製ではなく、有機化合物製である**ことです。n型とp型の有機半導体の構造を次ページの図に示しました。高分子化合物、C_{60}フラーレンなど、先に見たおなじみの化合物がそろっています。

　有機太陽電池の発電力はシリコン太陽電池より小さいです。し

n型半導体の原料であるフェニルC$_{61}$酪酸メチルエステル(PCBM)の構造

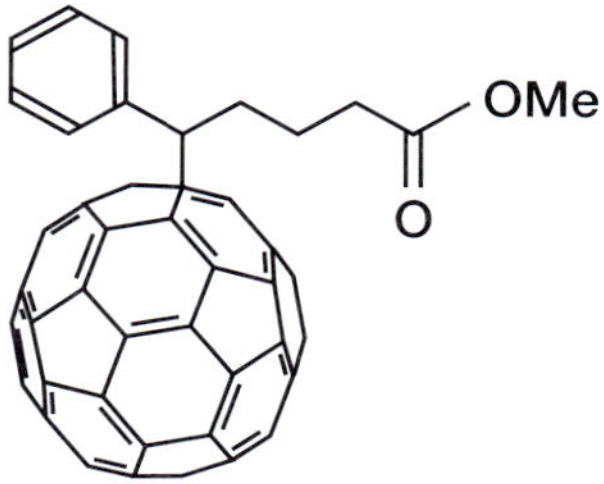

OMe　※Me：メチル基(CH$_3$)

p型半導体の原料である高位置規則性ポリチオフェン(P3HT)の構造

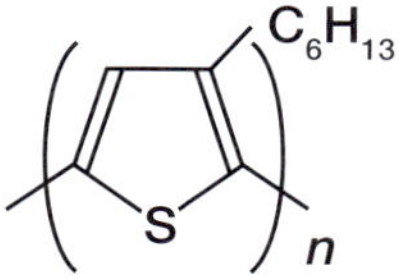

C$_6$H$_{13}$

かし、有機太陽電池は有機化合物固有の強み、すなわち、軽量、柔軟、カラフルという利点をもちます。そのため、用途によってはコストパフォーマンスに優れるので、すでにいろいろな場面で使用されています。

第III部
未来を拓く炭素王国

第8章
変貌する炭素王国

炭素の王国は進歩し続けています。電気を通す有機物も、1個の分子で自動車のように動く有機物も開発されています。人間が合成しようと思った有機物は、何でも合成できるほどになっています。炭素の王国は希望に満ちているのです。

分子が集まった「超分子」

　炭素原子はほかの原子と結合して有機分子をつくり、その働きによって王国をつくって、人類に役立ってくれます。そのような有機分子たちは1人ずつ独立して行動する能力をもっています。さらにまた、多くの分子たちが集まって機能する、あるいは何個かの分子が集まって、より高次の構造体となって高次の機能、行動をすることもできます。このような分子集団を、「分子を超えた分子」という意味で**超分子**と呼びます。

　分子集合体の典型的なものが、分子のつくる膜、**分子膜**です。分子膜の身近な例はシャボン玉です。シャボン玉はたとえではありません。**シャボン玉がまさしく分子膜**なのです。また、高次に機能する分子膜の例として**細胞膜**があります。

◇「界面活性剤」はどんな分子？

　有機分子には、砂糖のように水に溶ける**親水性分子**と、油のように水に溶けない**疎水性分子**があります。ところが1個の分子の中に、親水性部分と疎水性部分をもつ特別な分子もあります。**両親媒性分子**といいます。洗剤などの**界面活性剤**がそのような分子です。

　この分子を水に溶かすと、親水性部分は水に入りますが、疎水性部分は入りません。その結果、分子は水面（界面）に逆立ちしたような形になります。分子の濃度を高めると、水面はビッシリと「逆立ち分子」に覆われます。

　この状態の分子集合体は、まるで朝礼でグラウンドに集まった小学生の集団のようなものです。これをヘリコプターで見たら、

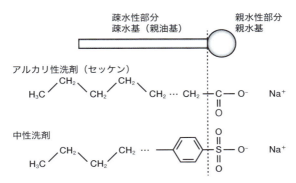

洗剤などの界面活性剤は、1個の分子の中に親水性部分と疎水性部分をもつ

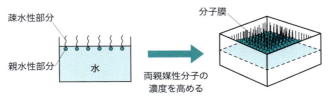

洗剤などを水に溶かすと、親水性部分は水に入るが、疎水性部分は入らないので、分子は水面（界面）に逆立ちしたような形になる。分子の濃度を高めると、水面がビッシリと「逆立ち分子」に覆われる

子供たちの頭は黒い海苔のように見えるでしょう。このような分子集団を分子膜というのです。

　分子膜で大切なのは、**分子が立っていること、そして分子間に一切の結合がないこと**です。そこが、同じような単位分子の集合体の一種である高分子とは大きく違います。高分子では単位分子は共有結合でシッカリと結合しています。しかし分子膜では結合はありません。単位分子は分子膜の中を自由に動けます。それどころか、分子膜から外れることも、また元に戻ることも自由なのです。

なぜ「洗濯」で汚れが落ちるのか？

洗濯は布についた油汚れを水で溶かし去る行為です。油汚れは疎水性ですから水には溶けません。しかし洗剤溶液には溶けます。なぜでしょう？

油汚れのついた衣服を洗剤溶液に入れると、油部分に洗剤分子の疎水性部分が接合します。たくさんの洗剤分子が接合すると、油部分は洗剤分子で囲まれたようになります。この集合体の外側部分を見てください(**右ページ上図**)。ズラッと親水性部分が並んでいます。つまり、この集合体は全体として親水性なのです。ということで、この集合体は油を包んだまま衣服から離れて、洗剤溶液に運び出されます。つまり、油汚れが布から取り去られたのです。

これが**洗濯の原理**です。「油汚れを分子膜の風呂敷で包んで取り去る」とでも考えればよいでしょうか。

「細胞膜」は「分子膜」

3-3で見たように、動物が油脂を食べると、油脂の3個ある脂肪酸のうちの1個がリン酸に置き換わって、**リン脂質**となります(**右ページ下図**)。これは界面活性剤の一種であり、1個の親水性部分(頭)に2本の疎水性部分(尻尾)がついています。この分子がつくる分子膜が細胞膜の基本なのです。

ただし、シャボン玉の場合(176ページ上図)と違って、細胞膜の場合には疎水性部分が向かい合っています。そして、この**向かい合った部分にタンパク質などの生命体に必要な分子が挟まっているのです**(176ページ下図)。このタンパク質は酵素として働き、細胞の生命活動を支えています。

このように分子膜は細胞膜のモデル構造であり、今後医療分野

● 洗濯の原理

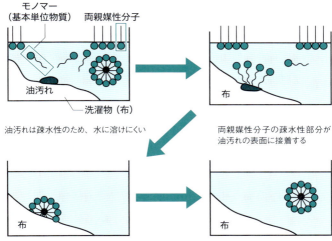

油汚れは疎水性のため、水に溶けにくい

両親媒性分子の疎水性部分が油汚れの表面に接着する

油汚れに両親媒性分子が多く接着するとミセル（多数の分子またはイオンが集まってできた、溶媒との親和性が大きい微粒子）ができる

ミセルは油汚れを包んだまま水に溶け出す

● リン脂質は「尻尾」が2本ある

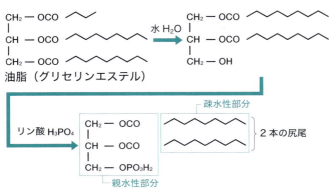

リン脂質

で活躍するものと期待されています。その1つが2-3で見た薬剤配送システム(DDS)です。分子膜でつくった袋の中に薬剤を入れ、がん腫瘍などの患部に優先的に薬剤を届けるものです。このようにすると薬の副作用を抑えることができ、また高価な薬剤を効率的に使えます。

● シャボン玉の構造

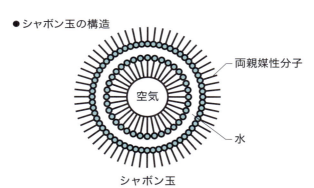

シャボン玉

シャボン玉はこのような分子膜が2枚重なった構造になっている。シャボン玉の場合は2枚の膜は親水性の部分が接して重なっているので、この重なり部分に水分子が挟まる

● 細胞膜の構造

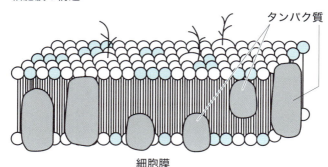

細胞膜

疎水性部分が向かい合って細胞膜をつくり、その間にタンパク質など生命体に必要な分子が挟まっている

整列する有機分子「液晶分子」

有機分子の中には、ただ集まるだけでなく、全員が一定方向を向くという性質をもった分子もあります。それが**液晶分子**です。**液晶**は、液晶テレビなどで、現代の情報社会を支えています。しかし、液晶は分子の名前ではありません。**結晶**や**液体**、**気体**のように、分子の特定の状態につけられた名前なのです。ですから、液晶分子でも温度や圧力など条件が異なると、液晶状態でなく結晶状態や液体状態になることもあります。

◯「液晶状態」とはどういう状態か？

一般に、分子の集合体の様子は温度により変化します。

▶結晶状態と液体状態の間には何がある？

一般に分子は、低温で結晶、高温で気体、その中間の温度で液体になります。これを分子の**状態**といいます。気体状態では、分子はジェット機並みの速度で飛び回ります。この分子がぶつかる衝撃が圧力となります。

結晶状態は、分子がその①位置も、②方向も一定にそろった規則正しい状態です。分子は多少の振動や回転はしますが、重心を移動することはありません。

それに対して液体状態は、①位置の規則性も、②方向の規則性も失った乱雑な状態で、分子は自由に移動します。

ということは、①位置と②方向が固定された結晶状態と、①位置も②方向も自由な液体状態の間には、中間の状態がありえることを意味します。つまり、

A：位置は固定されているが、方向は自由な状態
　B：位置は自由だが、方向は固定されている状態
の2つです。両方とも実在します。

▶「融点」と「透明点」の間が「液晶状態」

　このA、Bの2つの状態のうち、Bの状態を**液晶状態**といいます。液晶状態は「小川のメダカの集団」を考えるとわかりやすいでしょう。メダカは餌をとるために動き回りますが、流れに流されないように常に上流を向いています。

　液晶状態をとる分子は特殊な分子であり、このような分子を、特に**液晶分子**ということもあります。普通の分子と液晶分子をそれぞれ加熱したらどうなるかを図に示しました。

状態		結晶	柔軟性結晶	液晶	液体
規則性	位置	○	○	×	×
	方向	○	×	○	×
配列模式図					

液晶状態では、分子の位置はバラバラだが、一定の方向を向いている

　液晶分子も低温では結晶ですが、融点で融けて流動性が現れます。しかし、液体状態ではありません。それは**透明**でないからです。牛乳のように濁っています。これをさらに加熱して**透明点**になると透明な液体になります。この、**融点と透明点の間の状態が液晶状態**なのです。

　ですから、液晶モニターを冷却したら、結晶になってモニター

機能を失います。暖めたら回復するかもしれませんが、保証の限りではありません。

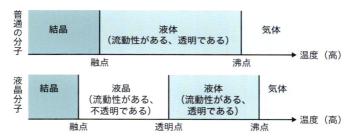

液晶状態の特徴は「流動性がある」「不透明である」こと

◎液晶モニターの作動原理は？

現代社会に、液晶は液晶テレビや各種モニターとして欠かせません。液晶モニターはどのような原理で画面を表しているのでしょう。それは、**液晶分子が自分の方向を可逆的に変化できることが利用されているのです**。

わかりやすいように、液晶分子を「巨大な短冊形の分子」として考えてみましょう。立方体形のガラス容器の向かい合った2面の内側に、平行な「擦り傷」をつけます。「ガラス一面にスチールワイヤーで平行に擦ってつけた擦り傷」のようなイメージです。

この容器に液晶分子を入れると、液晶分子は、擦り傷の方向に沿って整列します。

次に、擦り傷のついていない2面のガラスを透明電極に交換します。この容器に液晶分子を入れると、分子は先ほどの通り、擦り傷の方向に整列します（**下図A**）。しかし、透明電極に通電

すると、分子の方向は電流の方向に90度変化するのです(**下図B**)。スイッチをオン・オフするたびに、液晶はこの動作を可逆的に繰り返します。

この液晶パネルの後ろに発光パネルを置き、観察者は透明電極を通して発光パネルを見るようにしたのが**液晶モニターの原理**です。つまり、影絵の原理です。すなわち、Aでは、短冊が邪魔をして発光パネルが隠されます。そのため、画面は黒くなります。しかし、通電したBでは短冊を透かして発光パネルが見えます。すなわち画面は白くなります。いってみれば単純な原理です。

あとは画面を100万個(！)ほどの画素数に細分し、それぞれ独立に電気駆動すればよいわけです。カラーにしたかったら、各画素を3分割し(総数300万個!!)、それぞれに光の3原色である青、緑、黄の蛍光体を入れれば完成です。

気の遠くなるような技術ですが、現代科学はそれを行っているのです。液晶テレビが、ますます輝いて見えるのではないでしょうか。

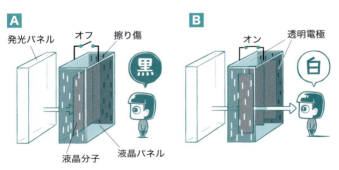

透明電極に通電すると、分子の方向は電流の方向に90度変化する

8-3 自発的に動く分子が「超分子」をつくる

　分子は超分子の相手になる分子がくると、自発的に動いて相手分子を捕まえに行きます。このようなとき、捕まえに行く分子を**ホスト分子**、捕まえられる分子を**ゲスト分子**、このような反応を扱う化学領域を**ホスト・ゲスト化学**といいます。何やらネオンが輝きそうな化学ですね。

◎金属イオンを捕まえる「クラウンエーテル」

　2個の炭素鎖が酸素原子Oでつながった分子を**エーテル**といいます。2個のエチル基CH_3CH_2がOでつながったジエチルエーテル$CH_3CH_2-O-CH_2CH_3$は最もよく知られたエーテルであり、有機化学の研究室なら、すべての実験台の上に置いてあるような化合物です。図の環状化合物は、何個かのエーテル部分が結合して環状になったもので、一般に**クラウンエーテル**といいます。

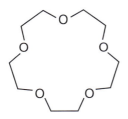
15-クラウン-5

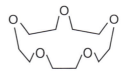
立体構造

クラウンは「冠(かんむり)」の意味で、この分子の立体構造が冠形であることによる

海水中には金、銀、ウランなど、多くの金属が溶けていますが、これらは電子を放出して陽イオンM^+となっています。一方、酸素原子はマイナスに荷電しやすく、O^-のような状態になっています。**M^+の溶けている水中にクラウンエーテルを入れると、M^+はクラウンエーテルの環内に取り込まれて超分子となります。**

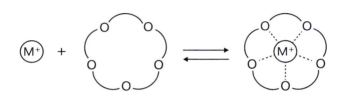

M^+の溶けている水中にクラウンエーテルを入れると、M^+はクラウンエーテルの環内に取り込まれて超分子となる

　金属イオンはそれぞれ大きさが異なります。したがって、**クラウンエーテルの直径を変えると、その大きさに合った金属イオンだけを優先的に捕まえられます。**この効果を利用して、たとえば海水中のウランUだけを取り出せます。技術的には完成しています。問題はコストです。将来、ウランの価格が高騰したら、技術は実用化されるでしょう。

◎金属イオンM^+を捕まえる「分子トング」

　右ページの図A、Bの分子は、N＝N二重結合に、2個のクラウンエーテルが結合したものです。Aでは2個のクラウンエーテルは互いにN＝N結合の反対側についています。このような配置を

トランス型といいます。ところが、これに紫外線を照射すると、クラウンエーテルが同じ側についたBのシス型になります。

このBのシス型に金属イオンM⁺が近づくと、まるでトングがパンを挟むように、分子がM⁺を捕まえます。捕まえたところで加熱するとBはAに戻り、M⁺を放します。これは、**分子構造を人為的に変化させることで、分子に人間に役立つ行動を起こさせている**ことになります。これは単純ですが画期的なことです。分子が人間の意思に従って行動するのです。

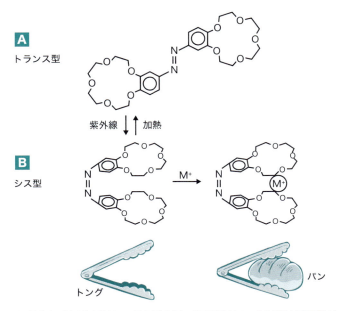

M⁺の溶けている水中にクラウンエーテルを入れると、M⁺はクラウンエーテルの環内に取り込まれて超分子となる

炭素王国の「一分子自動車」

　化学者には「極小の機械をつくりたい」という願いがあります。極小の機械といえば、ただ1個の分子でつくった機械です。それより小さな機械は存在しません。「そのようなものが可能なのか?」と思いますが、8-3で見た分子トングは、「機械」とはいえないまでも、「道具」ということはできるでしょう。

　この際、思い切って1個の分子でできた自動車をつくってみようじゃないか、そのような思いからつくられたのが**一分子自動車**です。まさしく炭素王国の王様の「乗用車」にふさわしいものではないでしょうか?

◎一分子一輪車

　最初から「自動車」に手を出すのはハードルが高すぎます。最初は一輪車、次に二輪車というように順を踏んではどうでしょうか? まず、一分子でできた一輪車、**一分子一輪車**はつくれないでしょうか?

　実はもうできています。見慣れた一輪車とは違いますが、サーカスでピエロが乗るボールも一輪車といえないでしょうか? と考えると、2-3で見た真球の分子、**C_{60}フラーレンは球そのもの**です。これで一分子一輪車は解決です。

◎一分子二輪車

　次は**一分子二輪車**です。これも簡単です。2個のフラーレンを直線状の分子でつなげばOKです。直線状の分子といえばアセチレン $HC \equiv CH$ です。ということで、一分子二輪車も完成です。

●一分子一輪車　　　　　●一分子二輪車

C₆₀ フラーレン

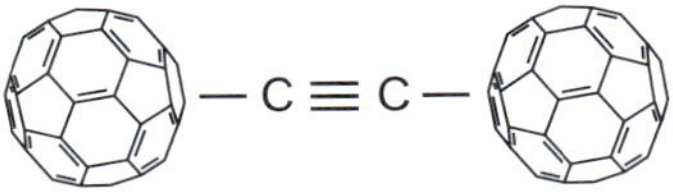

フラーレンは一分子一輪車、フラーレンを直線状の分子アセチレンHC≡CHでつなげば一分子二輪車

一分子三輪車

　これも完成しています。**下図**に示したものです。しかし、現実社会での三輪車とは違って、3個の「車輪（フラーレン）」が放射状に結合しています。その結果、この三輪車は**一定方向に進行す**ることはできず、**定位置で回転**することしかできません。

●一分子三輪車

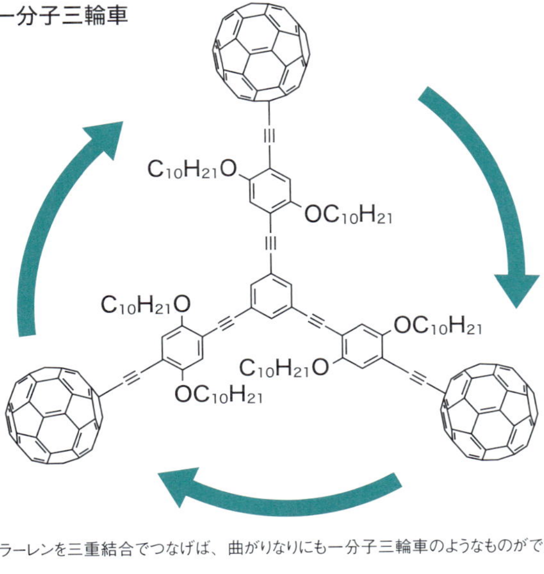

3個のフラーレンを三重結合でつなげば、曲がりなりにも一分子三輪車のようなものができる

実際にこの分子を金(きん)の結晶の上に置き、その動きを観測したところ、予想通り、その場でクルクルと回転するだけでした。

　これを失敗といったのでは、研究は進みません。なんでこの三輪車は一定位置で回転を続けたのでしょう？　この分子の動きが単なる熱振動、あるいは金結晶の表面を滑ったようなものなら、回転運動にはならなかったはずです。「回転運動をした」ということは、予想通り、**車輪のつもりのC$_{60}$フラーレンが、ちゃんと車輪として機能し、回転したことを証明した**のです。化学的な意味は非常に大きいといえるでしょう。

　人は「褒めて使え」といいます。科学も同じです。実験結果を発表するときには、その結果のもつ意味を最大限くみ取って、その実験を「褒めてやる」ことが大切です。それでこそ、実験結果も「その科学者」のもとで生まれたことを喜ぶことでしょう。「つまらない実験結果ですが、謹んで報告させていただきます」などといったのでは、実験結果がかわいそうというものです。

一分子四輪車

　右ページの上図は**一分子四輪車**です。実際に合成されています。「工」字型のシャーシーに4個の車輪がついています。外れるところは1カ所もありません。完全な一分子です。右ページの下図は、これを金結晶の上に置いたときの軌跡です。肝心なのは、**分子が短軸方向にだけ動いていること**です。進行方向を変えるときには分子が回転しています。これは車輪を回して進行していることを意味します。

自力で動く「一分子自動車」

　残念ながら、以上の「自動車」にはエンジンがありません。した

● 一分子四輪車

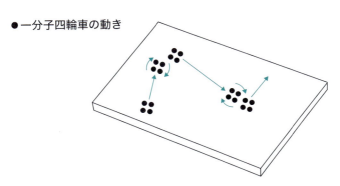

4個のフラーレンを三重結合でつなげば、一分子四輪車ができる

● 一分子四輪車の動き

分子が回転するので進行方向を変えることもできる
Y.Shirai, A.J.Osgood, Y.Zhao, K.F.Kelly, J.M.Tour, Nano Lett., 5, 2330 (2005)をもとに作成。

がって、自分で動くことはできません。誰かに引かれて動くだけです。昔懐かしい、リヤカーのようなものです。

それでは、自分で自発的に動く自動車は不可能なのでしょうか？ いえ、自分で動く、自分で移動する一分子機械も完成し

ています。

 2017年、世界中からこのような一分子自動車を集めた国際レースが行われました。会場はフランスのトゥールーズでした。6台の車がエントリーし、日本からも参加しました。

 いかがでしょうか？　にわかには信じられないかもしれませんが、決して冗談ではありません。炭素王国はここまで進歩しているのです。今や、**つくろうと思った分子はどのようなものでもつくることができるまでに進歩**しています。

 ところが、**次の図のような簡単な四角形分子、シクロブタジエン**の合成はできないのです。

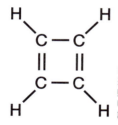

四角形分子であるシクロブタジエン。過去に何度も合成が試みられたが失敗した。現在では、分子の集合体としては原理的に合成できないことが証明されている

 これは化学が未発達だからではありません。原理的にできないのです。それは先に出た「フロンティア軌道理論」(2-5参照) で証明されています。しかし、実はこれも、「分子の集合体としてつくることが不可能」なだけなのであり、周囲に何もない、「宇宙空間にただ1個」のような状態ならばつくることが可能であることが証明されています。実際にそのような状態では合成に成功しています。このようなことを理論的に証明できるのも炭素王国の実力の一環なのです。

おわりに

いかがだったでしょうか？

炭素王国の活動の幅広さ、発展の速さ、人類にとっての有用性に、改めて驚かれたのではないでしょうか？　炭素王国は今も発展し続けています。世界中の有機化学の研究室では、この瞬間にもまったく新しい有機化合物、つまり「新国民」が誕生しています。そのうちのいくつかはきっと、人類の新しい「友人」として人類を助け、その生活を豊かにしてくれることでしょう。

人類の住居、家具、衣服、日用品……そのほとんどはプラスチックなどの有機化合物です。この傾向はこれからますます加速されるでしょう。飛行機だけでなく、自動車や船舶も早晩、炭素繊維製になるでしょう。有機太陽電池を積んだ人工衛星がカーボンナノチューブ製のロープを通じて地球に電力を送ってくれるでしょう。薬剤は人類を病苦から解放してくれるでしょう。そのような夢を見ながら、本書の筆を置くことにします。最後までお読みいただいたことを感謝申し上げます。

最後に、科学書籍編集部の石井顕一氏、参考にさせていただいた文献の著者、出版社の方々に深く感謝いたします。

2019（平成31）年1月　齋藤勝裕

《主要参考文献》

齋藤勝裕/著『分子膜ってなんだろう』、裳華房、2003年

齋藤勝裕/著『絶対わかる有機化学』、講談社、2003年

齋藤勝裕、山下啓司/著『絶対わかる高分子化学』、講談社、2005年

齋藤勝裕、下村吉治/著『絶対わかる生命化学』、講談社、2007年

齋藤勝裕/著『分子のはたらきがわかる10話』、岩波書店、2008年

齋藤勝裕/著『ステップアップ 大学の有機化学』、裳華房、2009年

齋藤勝裕/著『へんなプラスチック、すごいプラスチック』、技術評論社、2011年

齋藤勝裕/著『生きて動いている「有機化学」がわかる』、ベレ出版、2015年

齋藤勝裕/著『新素材を生み出す「機能生化学」がわかる』、ベレ出版、2015年

齋藤勝裕/著『分子マシン驚異の世界』、C&R研究所、2017年

齋藤勝裕/著『分子集合体の科学』、C&R研究所、2017年

齋藤勝裕/著『プラスチック知られざる世界』、C&R研究所、2018年

齋藤勝裕/著『毒と薬のひみつ』、SBクリエイティブ、2008年

齋藤勝裕/著『知っておきたい太陽電池の基礎知識』、SBクリエイティブ、2010年

齋藤勝裕/著『マンガでわかる有機化学』、SBクリエイティブ、2009年

齋藤勝裕/著『知っておきたい有機化合物の働き』、SBクリエイティブ、2011年

著者プロフィール

齋藤勝裕（さいとう かつひろ）

1945年生まれ。1974年、東北大学大学院理学研究科博士課程修了。現在は名古屋工業大学名誉教授。理学博士。専門分野は有機化学、物理化学、光化学、超分子化学。『マンガでわかる有機化学』（サイエンス・アイ新書）は、現在12刷・48,000部のベストセラー。そのほかの主な著書は『汚れの科学』『周期表に強くなる! 改訂版』『身近に迫る危険物』『料理の科学』『毒の科学』『知られざる鉄の科学』『マンガでわかる無機化学』『マンガでわかる元素118』『知っておきたい放射能の基礎知識』『知っておきたい有害物質の疑問100』『レアメタルのふしぎ』『毒と薬のひみつ』『金属のふしぎ』など。

本文デザイン・アートディレクション：クニメディア株式会社
イラスト：クニメディア株式会社、アカツキウォーカー
校正：曽根信寿

索引

あ

アーク放電	45
アセトアルデヒド	91
アミロース	65、66
アミロペクチン	65
アルキル基	10
イヌリン	110
ウッドワード・ホフマン則	58
ウレア樹脂	139

か

化学気相蒸着法（CVD法）	42
官能基	10
基質	9、10
機能性高分子	145
共役二重結合	147
グラフェン	47、143
グルコース	63〜66、153、154
クロロフィル	61、62
ケロジェン（油母）	162
高温・高圧法（HPHT法）	41、42
硬化油	70、71
抗酸化作用	45
黒色火薬	164
コノトキシン	82

さ

軸索末端	120、121
シクロブタジエン	188
下瀬火薬	164、165
樹状突起	120、121
スクロース	63、64
スコヴィル値	98、99
ストレプトマイシン	83、87
静電反発	145、146

た

炭素年代測定法	26
置換基	9、10、50、51、163
テトラヒドロカンナビノールTHC	123
転化糖	64
同素体	18、35、44
トランス脂肪酸	71、72

は

配糖体	85
麦角アルカロイド	126
パラフィン	158
フェニル基	10
不純物半導体	168
不斉炭素	51、56、96
ブタキロサイト	109
不飽和脂肪酸	70、71
フミン酸	54〜56、134
プリオン	74
フルクトース	63、64
フロンティア軌道理論	58、188
ヘム	62
飽和脂肪酸	70、71
ポリペプチド	73、74
ポルフィリン環	61、62
ホルムアルデヒド	74、92、93、138〜140

ま

マルトース	63、64
メラミン樹脂	139

ら

ラグドゥネーム	100、102
両親媒性分子	172、173、175
ロンズデーライト	35

サイエンス・アイ新書
SIS-426

https://sciencei.sbcr.jp/

炭素はすごい
なぜ炭素は「元素の王様」といわれるのか

2019年2月25日　初版第1刷発行

著　　者	齋藤勝裕
発 行 者	小川 淳
発 行 所	SBクリエイティブ株式会社 〒106-0032　東京都港区六本木2-4-5 電話：03-5549-1201（営業部）
装　　丁	渡辺 縁
組　　版	クニメディア株式会社
印刷・製本	株式会社シナノ パブリッシング プレス

乱丁・落丁本が万一ございましたら、小社営業部まで着払いにてご送付ください。送料小社負担にてお取り替えいたします。本書の内容の一部あるいは全部を無断で複写（コピー）することは、かたくお断りいたします。本書の内容に関するご質問等は、小社科学書籍編集部まで必ず書面にてご連絡いただきますようお願いいたします。

©齋藤勝裕　2019　Printed in Japan　ISBN 978-4-7973-9992-9

SB Creative